你真比黑猩猩聪明吗？

追踪高智商动物的另类行为和心理

［英］本·安布里奇（Ben Ambridge）◎著
黄青萍　于夙玉　◎译

SPM
南方出版传媒
广东人民出版社
·广州·

图书在版编目（CIP）数据

你真比黑猩猩聪明吗？：追踪高智商动物的另类行为和心理 /（英）本·安布里奇著；黄青萍，于夙玉译. —广州：广东人民出版社，2019.3

ISBN 978-7-218-13330-0

Ⅰ. ①你… Ⅱ. ①本… ②黄… ③于… Ⅲ. ①动物心理学—通俗读物 Ⅳ. ① B843.2-49

中国版本图书馆 CIP 数据核字（2019）第 005271 号

NI ZHEN BI HEIXINGXING CONGMING MA?

你真比黑猩猩聪明吗？

[英] 本·安布里奇　著　　黄青萍　于夙玉　译

出 版 人：肖风华

策　　划：中资海派
执行策划：黄　河　桂　林
责任编辑：曾银玲　赵冬骏
特约编辑：韩周航　林树浩
装帧设计：汪勋辽

出版发行：广东人民出版社
地　　址：广州市大沙头四马路 10 号（邮政编码：510102）
电　　话：(020) 83798714（总编室）
传　　真：(020) 83780199
网　　址：http://www.gdpph.com
印　　刷：深圳市雅佳图印刷有限公司
开　　本：787mm × 1092mm　1/32
印　　张：9
字　　数：201 千字
版　　次：2019 年 3 月第 1 版　　2019 年 3 月第 1 次印刷
定　　价：45.00 元

如发现印装质量问题，影响阅读，请与出版社（020 - 83795749）联系调换。
售书热线：(020) 83790604 83791487　邮购：(020) 83781421

致中国读者信

亲爱的中国读者：

非常感谢各位购买本书。我很高兴，也很荣幸看到本书能像上一本书《心商》（*Psy-Q*）一样被翻译成中文。作为一名研究儿童如何学习不同语言的学者（欢迎浏览我的网站 www.benambridge.com），我一直都希望看到这类作品，也乐于看到译者以其他语言转达我的观点。

中国读者可能会对本书的某些内容特别感兴趣。“鱼儿真神奇”一节表明了智力是可遗传的：假如父母善于记住地图上的路线，那他们的孩子也很有可能是这样的。这一节的研究对象是高体鳑鲏——产于中国的淡水鱼。“啄食顺序”一节对比了不同国家的人的社会支配倾向，结果显示英国人的社会支配倾向仅次于塞尔维亚人。最后，作为一本动物类书籍，假如没有提到中国著名的大使，广受各国人民喜爱的大熊猫，那几乎是不完整的。通过本书，我们将看到大熊猫龙徽是如何通过观察独特的“熊猫眼”来辨认其他熊猫的。

再次感谢各位阅读本书，我希望有一天可以拜访中国，亲自与你们分享我对动物心理学的爱。

本·安布里奇（Ben Ambridge）

目 录

Are You Smarter Than A Chimpanzee?

第二部分

大本领 小使俩

第三部分

天 性 如 此

第四部分

自我意识

我们真的如此与众不同吗？

你比黑猩猩、猫、蝙蝠和鸽子更聪明吗？

当然！毕竟你是智人，而猫、蝙蝠、猪、狗和青蛙等“只是动物”，你说对吗？

人类和动物截然不同，这种说法由来已久。以《圣经》（*The Bible*）为例，其在开篇赫然写道：

> 神说：“我们要照着我们的形象，按着我们的样式造人，使他们管理海里的鱼、空中的鸟、地上的牲畜和在地上爬行的一切昆虫。”
>
> ——《创世纪》（*Genesis*）第 1 章第 26 节

人类历史的绝大部分时间里，宗教学者一直认为，只有人类是按照上帝的形象创造的，因此，也只有人类是独特的，拥有思想、意识和不朽的灵魂。如今，“人类例外论”已不再专属于宗教，世俗生活中的人们早已接受了这一观点。生物学家韦斯利 · J. 史密斯（Wesley J.Smith）就曾充满自豪地反问道：

> 还有什么物种能够（像人类那样，至少“部分地”）控制自然，而不是被自然控制？还有什么物种能够建立文明、记录历史、创造艺术和音乐，甚至能进行抽象思考、使用语言交流、构思并制造机器、利用科学与工程来提高生活质量，或在哲学和宗教层面探索更深层的真理？

如此说来，“人类例外论”像是显而易见的常识。不过，我写本书的目的，则是想通过一系列心理测试，将你和人类的动物近亲进行对比，然后鼓励你说出：“等等！我们真的如此与众不同吗？”

人类可能不会将动物世界称为“文明世界”，尽管包括黑猩猩和鸡在内的很多动物都具有明晰的社会等级，比如，连蚂蚁和蜜蜂都有投票权。在关于路线设计和解谜的测试中，在蚂蚁和蜜蜂的民主智慧面前，人类很难取胜。椋鸟的啼叫声也是一种“音乐”，这种“音乐”的构成与大多数传统的西方乐曲相同（通过后文的测试，你将在歌唱比赛中与椋鸟一较高下）。在运用逻辑推理来获取美食时，乌鸦、松鼠和箱龟（或许还有你）都展示出了“抽象思维”。动物是否能学会一门语言，这一直是颇有争议的话题（我将会以教授动物日语来做出分析），但我们知道，许多动物（特别是狗）确实能学会大量词汇。尽管算不上“科学和工程学”，但使用工具无疑是大猩猩的一项本领。例如，大猩猩会把植物幼苗当作勺子来舀取蚂蚁，或把细枝条当作钓竿来诱捕白蚁。这种现象可以帮助我们理解人类的“利手”现象（在相关测试中，你可以将自己与猫咪和树鼩进行对比）。

更广泛地来说，人类的能力、活动及其所关注的事，从选择漂亮的伴侣、阅读对方的表情到讨价还价、学会在领先时选择退出（鸽子、豚鼠和毛犰狳），几乎都可以用生物学家所说的“4F”进行概括，即战斗（Fighting）、逃跑（Fleeing）、喂养（Feeding）和交配（Fornicating）。

当然，我们并没有否认人类能做到许多动物无法完成的事情（所以请不要担心，你不会在所有测试中都被打败）。我只希望你会相信查尔斯·达尔文（Charles Darwin，1809—1882）所说的“这只是程度上、而非类别上的差别”——椋鸟歌唱、鹦鹉数数和鱼类洄游，这些能力与人类编写交响乐和发明谷歌地图的能力并无实质性差别。我们所做的事与动物并无二致，我们只是做得稍微好一点而已。

虽然部分测试可能看起来有些可笑（我真心希望你能在其中找到乐趣），但它们都有着可靠的科学依据：那些在著名学术期刊上受到同行评议的文章。不过，为什么这群受人尊敬的科学家要探究人类与动物的异同呢？比如，对比人与狒狒、雏鸡的视觉敏感度，以及人与鸽子在竞猜游戏中表现出的异同。

答案是通过对比人类与动物之间的异同，我们可以逐步弄清，人类在进化过程中的能力、好恶，以及怪癖和心理盲点是在何时、以何种方式出现的。正是通过对比法，达尔文才提出以自然选择学说为基础的进化论（最著名的例子就是达尔文使用对比法研究了不同种类的雀鸟）。与大家通常认为的相反，“进化”这一理念并不是达尔文发明的，确切地说，不是查尔斯·达尔文发明的。1794 年，查尔斯·达尔文的祖父伊拉兹马斯·达尔文（Erasmus Darwin）在《动物法则》（*Zoonomia*）上指出：

> 考虑到温血动物在构造上存在着的巨大相似性，它们在出

生前后发生的巨大改变，以及它们发生的许多改变只需极少的时间，我们是否可以认为，地球在人类出现之前早已存在，我们是否还可以认为，所有动物都起源于同一个生命体？

查尔斯·达尔文真正开创的，是一种以自然选择为基础的进化论（至少普遍观念如此①）。该理论认为，进化是具备有利性状的动物成功繁衍，而不具备有利性状的动物逐渐消亡的结果。在《物种起源》（*On the Origin of Species*）出现前，伊拉兹马斯·达尔文（Erasmus Darwin）发表于1794年的《动物法则》、让－巴普蒂斯特·拉马克（Jean-Baptiste Lamarck）发表于1809年的《动物哲学》（*Philosophie Zoologique*）和罗伯特·钱伯斯（Robert Chambers）发表于1844年的《自然创造史的痕迹》（*Vestiges of the Natural History of Creation*）都表达了当时流行的观点“用进废退”，即经常使用的器官或心智能力会加强，而不经常使用的器官或心智能力会逐步退化，这些改变也会传给下一代。事实上，直到自然选择学说在20世纪初被整合入孟德尔遗传学（即所谓的“现代综合进化论”）后，“用进废退”理念才被彻底摒弃，而《物种起源》只不过是将其赶进坟墓的第一个推手。

通过体验本书中的测试，了解这些测试背后的科学原理，你会知晓现代综合进化论在21世纪的新发现，这些新发现已被进化生物学、心理学和遗传学所证实。达尔文的观点是正确的：关于人类与动物的区别，一切都是相对的，一切都是同类的，我们都是生物大家庭的一员。

①事实上，达尔文后来承认，这种理念由苏格兰果农帕特里克·马修（Patrick Matthew）首先提出，后者只是将这种理念写进了畅销书《海军的木材和树木》（*On Naval Timber and Arboriculture*）的附录中。——作者注

第一部分

怪诞的选择

一杯昂贵的卡布奇诺 01

还有哪里能比一家惬意的咖啡店更适合坐下来，打开一本书，踏上动物王国的探索之旅的呢？但等等，你现在身处陌生城镇，似乎找不到熟悉的连锁店，只能转而寻找一家小咖啡屋。刚好，前面这条街上就有三家风格和气氛都很相似的咖啡屋。现在，你只需根据卡布奇诺（Cappuccino）的价格做出选择：

- 1 号咖啡屋为 0.8 美元；
- 2 号咖啡屋为 1.8 美元；
- 3 号咖啡屋为 2.8 美元。

你会选择哪家呢?

答案

你看见过僧帽猴（Capuchin Monkey）吗？它们主要分布在拉丁美洲，由于面部和胸部呈浅棕色，其他部位呈黑棕色，因此看起来就像戴着一顶帽子。这种形象与方济嘉布遣会（Ordo Fratrum Minorum Capuccinorum）中穿着棕色修士袍，罩着风帽的修士（Capuchin）十分相似，因而，人们以此给它们命了名。当某种颜色与修士服很接近的棕色咖啡出现后，人们自然想到了同样的命名方法，于是有了我们熟知的卡布奇诺。

说完了这些背景知识，现在让我们说回咖啡屋。你会选择哪家咖啡屋呢？应该不是最便宜的那家吧？在这种情况下，大多数人都会选择最贵的那家（假设他们买得起）。但这是为什么呢？事实上，在没有其他信息的情况下，价格通常是非常可靠的质量指标。

商品打折，即使是出于一些无伤大雅的理由，我们通常也会认为其品质下降了。研究发现，与花 0.89 美元购买饮料的 A 组参与者相比，那些支付 1.89 美元的 B 组参与者在后续的字谜测试中表现得更兴奋，尽管 A 组参与者明确知道自己喝的是价值 1.89 美元的 SoBe[①]功能性饮料，而非厂家低价出清的次品。此外，在另一项针对止痛药价格和疗

①美国的一种功能性饮料，由百事可乐公司生产。——译者注

效的实验中，参与者表示，比起标明“大优惠”的止痛药，全价的止痛药效果更好。然而，实验中所谓的止痛药是没有任何药效的安慰剂。

还记得前文提到的僧帽猴吗？它们也参与到了类似的实验中。研究人员想调查这些人类的近亲是否会对价格做出同样的反应。首先，他们让僧帽猴品尝蓝色和橙色两种不同口味的冰块，对特定颜色或口味表现出强烈偏好的僧帽猴会被筛除，剩下的僧帽猴则被分为两组。然后，研究人员会通过代币交换的方式让A组僧帽猴认为蓝色冰块便宜，橙色冰块昂贵，B组相反。其具体做法为：僧帽猴每交一枚代币给研究人员，就会得到三颗“便宜”的冰块或一颗“昂贵”的冰块，具体取决于研究人员。最后，他们让僧帽猴在“自助餐厅”里随意享用冰块。如果我们将这里的冰块换成酒，那么，人类一定会将价格和质量联系起来；而如果僧帽猴与人类有着同样的反应，那么它们一定会狼吞虎咽地吃起“昂贵”的冰块，而对“便宜”的冰块不屑一顾。

然而，僧帽猴并没有偏爱价格较贵的那一种。此外，研究人员还采用了“不同形状”“不同品牌的同种谷物”和“不同等待时长”等变量，结果依然如此。僧帽猴虽然清楚商品价格的高低，但并不认为较贵的那种更好。它们会一边倒地选择便宜的那种，以有限的预算获取最多的商品。

你可能会问：“研究人员只是想从中取乐吗？这类研究并无意义吧？”不过，答案是否定的。事实上，这些实验涉及比较心理学知识。将人类与其他动物的差异进行交互比较，是解释人类表现出某种特殊倾向的有效方法。通过前文的实验，我们能清楚地知道，人类会将价格和质量联系起来，尽管这样做没有多少意义。当然，进行实验的动物需要有与人类相当的理解能力和决策能力。僧帽猴符合这两项条件，它们能理解价格差异，并据此做出相应的购买决策。鉴于僧帽猴做出了不同的选择，研究人员进而推测，人类的购买倾向可能源于后天实践，而非先天本能。

造成实验结果差异的主要原因，很可能是人类的市场消费经验。根据供求关系，人类通常认为，售价较高的商品，其质量也更好，即便其质量实际上与其他产品并无差别。以苹果公司为例，它之所以成为世界上最成功的企业之一，或许就是因为其产品定价较高。我们会情不自禁地将“一分钱一分货”这种心理预期运用到所有情境，即便有时并不适用，例如前文的功能饮料实验。

如果某天清晨，你虽囊中羞涩，但又难以控制自己购买高价的卡布奇诺，那么，或许你可以想想僧帽猴会怎么做。

熊蜂的偏好 02

在人类与动物界的比拼中，猴子为动物界拔得头筹。然而，我们没有必要觉得丢脸，毕竟僧帽猴在进化树上与人类非常接近。现在，我们来对比你和人类最卑微、最生疏的亲戚——熊蜂的差异。请根据直觉，选出下面每组图片中你更喜欢的那幅。

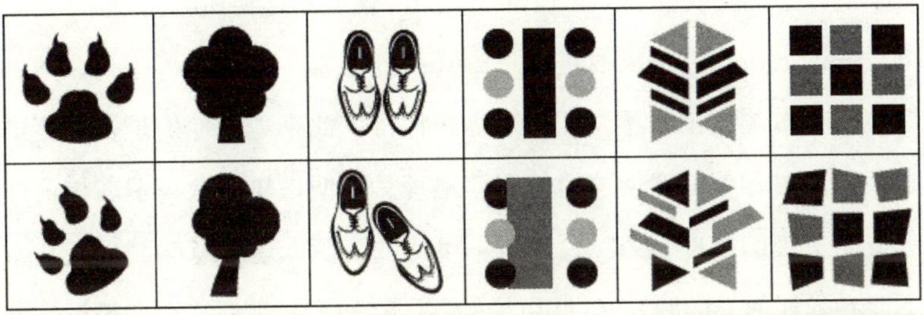

答案

你也许已经察觉到，这里探究的是对称性。总体来说，人们通常会有一种不易察觉，却很固执的偏好，即喜欢对称图形。无论是具象的物品（如左边的三组图片）还是抽象的图形（如右边的三组图片），这种选择偏好均十分适用。但这种偏好是怎么产生的呢？我们是“后天学会”了偏爱对称物体，还是“天生”偏爱对称物体呢？

理论上，我们可以通过以下方式找到答案：抚养一群小孩，并确保他们在做测试前看不到任何对称物体，以此来观察他们是否在测试中表现出对称偏好。但这显然有悖常理。即便该研究获得了高校伦理审查委员会的批准（当然，这是不可能的，因为这将意味着受试儿童不能看到任何人的脸），这些可怜的孩子在研究结束后也会变得行为异常（视力发育受阻、心理发育异常），因此我们无从得知正常成长的儿童是如何养成对称偏好的。

既然人类研究行不通，那动物研究就是最好的替代方案了。在一项针对熊蜂的研究中，研究人员始终在阻止幼年熊蜂接触对称图案，直到它能采蜜为止。这种方法相对简单，也没有那么残忍。到了采蜜阶段，研究人员会提供对称的花朵或不对称的花朵（更常见的是，直接使用电脑生成的图片），观察熊蜂如何选择。结果显示，与成年人类

（还有多种鸟类或鱼类）相同，熊蜂也具有对称偏好。这表明了对称偏好是天生的，而不是习得的。

为什么我们（人类和其他动物）会偏爱对称图形呢？

一种可能是，对称图形容易加工。比较前文的图片可以发现：你只需扫视上排的图片，就可以获得相关信息（视觉信息）；至于下排的图片，则需花费你更多的时间去仔细观察。视觉系统和其他大多数大脑系统一样，天生“懒惰”，因此，我们会偏爱对称图案。

另一种可能是，人类的对称偏好是进化的结果。对比那些本该对称的东西，例如人脸和产生花粉的花朵，不对称通常代表着劣势基因和劣势个体（劣势基因造就了劣势个体）。就人类而言，对称性与智力、运动能力和抗抑郁水平等有关；就花朵而言，对称性则意味着更多的花粉。根据这一理论，我们之所以进化出对称偏好，是因为其有助于我们找到基因优良的配偶，繁衍出优秀的后代。我们偏爱对称的人脸，因而也偏爱对称的抽象图案（如对称的鞋），后者是前者的进化残余。

那么，哪一种解释是正确的呢？是“易加工”，还是“进化性偏好”？我们至今仍不可知。不过，这项研究的最初结果似乎更支持后者。研究人员按性别分类研究结果，发现只有男性表现出了稳定的对称偏好，他们有 63% 的概率会选择对称图形，而女性则约为 50%。这一结果显然不利于“易加工”理论，因为对于视觉加工这种基础的大脑机能，男性的大脑和女性的大脑不应该出现如此差异。此外，这种性别差异虽不是支持“进化性偏好”的强有力证据（在人脸研究中，男性和女性都表现出了对称偏好），但至少和该理论是统一的：无论处于哪种文化环境，男性在选择配偶时都会比女性更重视外貌。因此，男性更有可能将对“脸部对称”的偏爱应用到无生命物体上。

03 辨脸识“亲人”

现在，让我们继续谈论“脸部”。这次的主角从昆虫界的产蜜英雄变成了邪恶的罪犯。人们常说：“我虽然记不清对方的名字，但绝不会忘记长相。”但如果对方是一只胡蜂呢？

一只胡蜂企图蜇人，警方已将其逮捕归案。下面就是它的模样，请仔细观察，然后在下一页中把它找出来。

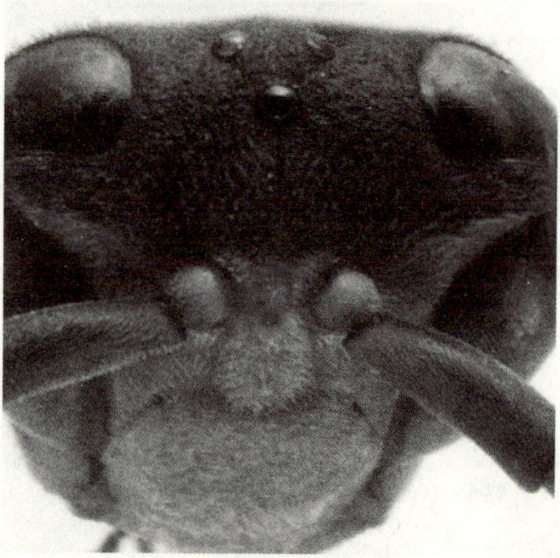

答案

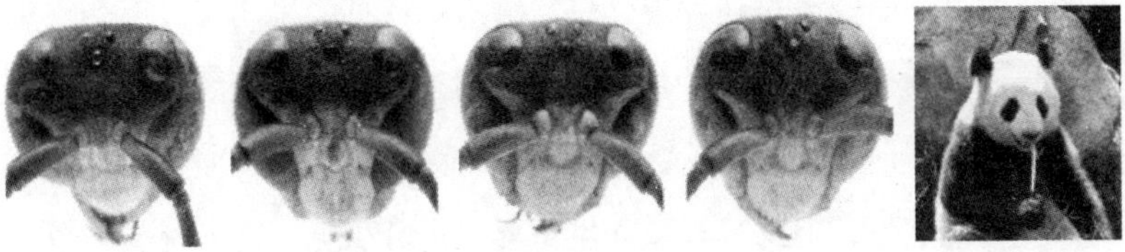

A　　B　　C　　D　　E

你找到了吗？希望你没有选中大熊猫“高高”，它只是个幌子。别着急，“高高”之后便会登场。答案就在本节末尾处。提示：最明显的差异就是单眼[1]周围的黑斑面积，四张图片从左到右，黑斑面积依次增加。

20 世纪 60 年代前，科学界普遍认为，只有脊椎动物才能辨别其他个体。不过，最新证据表明，甲虫、淡水龙虾和寄居蟹中的部分成员也具备这种能力，虽然仍颇有争议。此外，许多简单的物种，如蟑螂和变形虫也能辨别自己的亲属。

在脸部识别方面，胡蜂是无脊椎动物中的佼佼者。除了蜂群特有的气味之外，许多种类的胡蜂还能通过脸部来辨认熟悉的个体。最近，

①一种结构简单的光感受器，只能感觉光的强弱，不能看到物像。——译者注

在观察胡蜂面对内部成员和外来者时的不同反应后，研究人员发现，一旦胡蜂看到对方的长相，就会完全忽略气味所提供的信息。这也就是说，假如有面生的胡蜂靠近蜂巢，即便它携带着该蜂群特有的气味，也会受到攻击。

上图四只胡蜂都为雄性。现在，我冒昧地问一句："你觉得上面哪只胡蜂最有吸引力？"巴西某研究小组发表过一篇标题醒目的文章——《雄性胡蜂的性感脸庞》(*Sexy Faces in A Male Paper Wasp*)，他们发现，雌胡蜂深深着迷于长有大黑斑的雄胡蜂，且会主动远离或蜇咬黑斑较小的。此外，研究人员还发现，只需给不受待见的雄胡蜂涂上一点黑色颜料，其前途就会变得一片光明；而如果给那些风光的雄胡蜂涂上一点棕色颜料，它们便会备受冷落。虽然很多动物都存在性选择性状，例如孔雀的羽毛，但这种现象在昆虫界仍十分少见。这无疑是一项重大发现。

既然说到了性感的孔雀，那么……

答案：C

爱美之心，孔雀皆有之 04

你认为下面哪只雄孔雀更能吸引雌孔雀？

答案

上面的那只雄孔雀长着更多的眼状羽毛。如果你注意到这一点，并选中了它，那么恭喜你答对了。或者说，你很有可能答对了。

雌孔雀是否偏爱长有更多眼状羽毛的雄孔雀，我们很难回答。2011 年，在汇总了各方面数据之后，研究人员发现这并不是简单的“更多更美”，关键在于恰到好处。雌孔雀几乎不会和眼状羽毛少于 144 根的雄孔雀交配，不过，一旦雄孔雀的羽毛数达到了 144 这个神奇的数字，那么额外的羽毛就不会带来更多优势。一些不幸的雄孔雀在被“居心不良”的研究人员剪去部分眼状羽毛后，确实会在配对游戏中惨败。例如，原本长有 169 根羽毛的雄孔雀，在被剪去 25 根以上的羽毛后，就像前文下图中那位可怜的朋友一样，开启了悲剧“鸟生”。值得一提的是，在研究人员带着剪刀出现之前，雄孔雀的部分羽毛也很可能会自然脱落。

为什么会出现 144 这个神奇数字呢？当然不是因为雌孔雀一根一根地数了雄孔雀身上的羽毛。原因可能是：在被剪去许多羽毛后，雄孔雀会显得有点儿奇怪，毕竟在自然环境下，它们的羽毛不会脱落如此之多。剪去 25 根羽毛，雄孔雀的体型和开屏的对称性都会大打折扣，而这似乎都是雌孔雀所在乎的地方。

我们不清楚雌孔雀是否关心眼状羽毛的“数量”，但可以肯定的是，它们会在乎“质量”。它们能否成功交配，关键在于雄孔雀的蓝绿色羽毛是否色彩斑斓。当雄孔雀漫步于林荫道上时，斑斓的羽毛看起来就像在不断地变换着颜色。

那么，雌孔雀为什么要关心雄孔雀的眼状羽毛呢？答案是“性选择”。继1859年的《物种起源》后，达尔文还于1871年发表了另一本著作《人类的由来及性选择》(*The Descent of Man, and Selection in Relation to Sex*)。

> 我们也许可以得出结论：鸟类的配对并非随机，雄鸟若能大显魅力来取悦或吸引雌鸟，那它就能获得更大的交配机会。知道这一点，我们就不难理解为什么雄鸟会逐渐进化出各种装饰性特征。任何动物都存在个体差异性。我们在驯养鸟类时，会挑选出自己认为漂亮的鸟儿来进行配对，以优化品种。雌鸟也会偏爱带有装饰性特征的雄鸟，即便只是偶尔为之，也会使种群朝着这个方向演变。最终，随着时间的流逝，雄鸟的装饰性特征不断加强。

换言之，小部分雌孔雀对长有美丽羽毛的雄孔雀表现出了轻微的偏好，促使这群雄孔雀的基因及其编码美丽羽毛的基因更有机会遗传下去，而它们的竞争者则只能自认倒霉。

如今，达尔文的进化论已被人们广泛接受 。在关于鸟类美丽羽毛的解释上，它是第一个，同时也是最合理的一个理论。至少在表面上是这样……

05 长颈鹿的脖子是怎么来的？

在《如此故事》（*Just So Stories*）[①]一书中，英国小说家约瑟夫·鲁德亚德·吉卜林（Joseph Rudyard Kipling）并未提及“长颈鹿的脖子是怎么来的”。当时，达尔文的《物种起源》尚未问世，人群中流传着这样一种进化理论：如果长颈鹿想吃乔木上端的叶子，就需要伸长脖子。久而久之，它的脖子越变越强壮、越变越长，并最终遗传给下一代。

伊拉兹马斯·达尔文发表于1794年的《动物法则》和罗伯特·钱伯斯发表于1844年的《自然创造史的痕迹》都阐述了上述进化理论——获得性遗传。该理论由法国生物学家让-巴普蒂斯特·拉马克（1744—1829）率先提出，故而也经常被称为“拉马克主义”。虽然这个直观的理论在如今看来显得非常天真，但在当时的知识背景下，它比达尔文的观念要可信得多。达尔文认为，部分长颈鹿只是恰巧拥有了较长的脖子，并且更有机会与异性交配。这两种理论看起来都不太合理。确实，这让人难以置信。事实上，正因如此，时至今日仍有少数人不相信达尔文的进化论，即便现代基因科学已经直接描绘出了基因组之间的复杂关系，包括控制长颈鹿长出长脖子的不同基因是如何相互作用的（2016年的研究）。

①讲述动物的故事。——译者注

为什么脖子较长的长颈鹿会有更多的交配机会，从而更有可能把长脖子的基因传给后代呢？教科书是这样描述的：脖子较长的长颈鹿可以吃到更多的叶子，在交配机会出现前，其饿死的几率更小。然而，这未必正确。一方面，即使在食物竞争最激烈的旱季，长颈鹿主要食用的仍是低矮灌木。它们若想够到食物，一般会弯下脖子而不是伸长脖子。另一方面，如果要够到高大的乔木，为什么长颈鹿脖子伸长的速度会比腿更快呢？想要长得更高，“长腿”是一种更“划算”的方法，因为将血液输送到远离心脏的大脑，既麻烦也耗费能量。

这类争辩引出了另一种假说——性选择假说。雄性长颈鹿在争夺配偶时，会用动脖子来击打对手，而更长的脖子则意味着更大的力量。性选择假说大获认可，有些人甚至认为，“够到叶子”假说已完全站不住脚了。不过，研究人员发现，雄性长颈鹿的脖子并不比雌性长，这驳倒了性选择假说。也有研究支持“够到叶子”假说。该研究发现，长颈鹿虽然不会经常伸长脖子去食用高处的叶子，但如果这样做了，它们吃进去的每一口食物都会含有更高的生物量（Biomass）[①]。这可能是因为高处的叶子更有营养。

与此同时，拉马克主义有了死灰复燃的迹象。准确来说，“表观遗传学”这一新兴领域让拉马克主义得以重生。事实证明，环境虽然改变不了我们的基因，却能改变那些控制基因启动与否的化学信号分子。这些变化可以遗传吗？对于植物和虫子而言，答案是肯定的。但对哺乳动物而言，这些变化则很可能不会遗传：生殖细胞“重新编码”后，大多数化学信号分子会被重置，原有的信号分子不会进入传宗接代的媒介。因此，如果你在报纸上看到有文章声称环境使人类易患肥胖症

①指一条食物链可支持的生物总质量，一个动物或植物物种的活个体的总量或重量称为物种生物量，而群落中所有物种活个体的总量或重量，称为群落生物量。——译者注

和心脏病等，并描述它们是如何通过表观遗传传递给后代的，那么你可得警惕了——这和“长颈鹿的长脖子是怎么来的”的拉马克主义解释一样，不过是一个荒诞不经的故事（Tall Tale）[①]。

①是“高＋故事”，也指本章讲的是长颈鹿的故事。——译者注

鱼的故事 06

长颈鹿的故事暂时告一段落，现在，让我们来讲讲“鱼的故事”(Fishy Tale)[①]。下面我们来玩文字搜索游戏：请在下方的字母方阵中找出一个由 8 个字母组成、与动物心理学有关的词。根据你的表现，我们可以获得一些重要的信息以了解你的心理状态。

T K A H P D A S K K A L A A L O L D Z R V T V A T G U P P E N T O

C U I P D F N O S Y L Z O R D F B F L Y P Y L P I Y K D M G U J N Y

P F V B I C W J G K I K B A J D D A L M A G Y H C A B C N K T A V

V F G A J N Z V F R B J C Y V W T P S F P D T F V C D M O D I C U

O O A P A L J O K B P V K M N R V A D J G L K H A J T B A S O S U

F E L H C S I J E F D T H N P A P N P R G H O L A R I T Y N F O R R

O C O S C G W Y S A S L O U I W W Y P P A A A G H B M Y A R E N

Y S I O O P N M N D T V C A N Z V O S K R B E D K N K V U P A P

Z K E T Z A S F D C J Y A T A P N V N W H I A F H D T M O K A Z Z

K P P R T I N O A P V L L Y S O M N T J N K U E Z O N I A R E N A

H D G T A I Y P M O K U H V V Y Z N O N Y O P W H M N D Y I Y L

①原意为“值得怀疑的故事”。——译者注

W E N Y O P Z O T C O U R H O J M N I A O Y M K M H U M L O A

H S K L W A O U L A G H O Y O V D B S U K P N E Z S O I H O N P

G K T O Y F N O K Z A R K P E Y Z N O T O C N G A C R Y O V L O

Z S O G O D S O T O W O O D Z F S Y Y D O E P S R C T G E I D N I

Y O M M V W P W Y J Y N M T M M P S B R E F N E O P Z B K I M

Y Y C W H L A H F L D I O U P A O K G T U Z N Y U K R J N W S O

P V E I S V L O Y T W S C G W R E A A G K B B N P E C L J P O Z C

S P C L E B E C M P G O Y H S N H O M Z J A H H A S S K B H B G

A I T U F D O S N G W A N C J H G N S M L A C K H O S M J P V Z

如果找到了这个词，那么恭喜你，现在请翻到第 25 页。

如果没有找到这个词，那可能是运气不好，现在请翻到第 26 页。

别急，这次是真鱼 07

这又是一个“鱼的故事”。很多鱼都能够记住简单的路线，这可以用达尔文的进化论予以解释。那么你呢？

这张地图上画着一条从利物浦市中心到码头的路线图。花 1 ～ 2 分钟记一下路线，然后翻到下一页，试着在空白地图上画出刚才记下的路线。

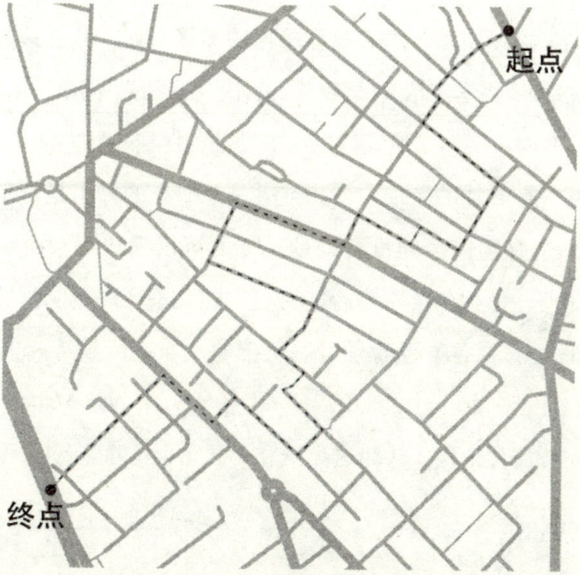

做完测试，你可能会和家人、朋友对比一下。有趣的是，研究结果一致显示，男性的表现要高于女性。在现实生活中，男性也较少依赖路标寻找路线。男女的表现虽然相差不算很大，但也具备显著性差异[①]。苏格兰生物学家给高体鳑鲏[②]设计了类似的空间学习实验，虽然比上述实验要简单得多，但我们也从中发现了性别差异。

这是一个有趣的发现，但研究人员想研究的并不是性别差异，而是另外一个有趣得多的重要问题：智力可以遗传吗？换句话说，如果你很聪明，那你的孩子是否能有更大的几率变得聪明？虽然已有多项研究证明了人类的智商是可以遗传的，如斯图尔特·里奇（Stuart Ritchie）的《智力：至关重要》（*Intelligence: All That Matters*），但许多人仍不支持这种论调，认为这类研究无法完全排除非基因元素的影响。

---

①“显著性”这一概念请参考“数学天才亚历克斯”一节。——作者注
②产于中国和日本的淡水鱼。——译者注

举例来说，高智商的父母更有可能给孩子营造有益于智力发展的环境：给孩子购买书籍、讲故事、寻找更好的学校、请家庭教师。高体鳑鲏可不会给孩子讲故事，也用不着考虑学区房的问题，因此它是研究智力遗传性的良好实验对象。此外，研究人员还可以选择其交配对象，若实验对象是人，这种操作不仅难以实施，也有悖伦理道德。总而言之，研究人员可以通过饲养一对“聪明”或“愚笨”的高体鳑鲏父母，看看其产下的孩子是否也“聪明”或“愚笨”，以此验证智力是否可遗传。

“聪明”的高体鳑鲏父母真的能产下“聪明”的小鱼吗？没错！在空间学习实验中（即在简易迷宫中找到食物），那些表现出色的成年鱼的后代同样表现良好。此外，研究人员使用精密的 DNA 技术分析了小尼莫（Nemo）①的智力因素，发现父母双方的基因都对它有着重大的影响。

那么，在自然环境下，智力又是如何遗传给后代的呢？答案很简单——性选择，胡蜂的黑斑和孔雀的华丽羽毛也是如此。比起在空间学习实验中表现不佳的鱼，那些表现良好的鱼更有可能产下后代。但这是怎么做到的呢？当然不是因为鱼偏爱聪明的伴侣，试想鱼难道会给自己的伴侣进行智商测试吗？对于高体鳑鲏，答案在于其独特的交配行为，这种交配行为与我们平时吃的河蚌息息相关。雌高体鳑鲏通过河蚌的“出”管，在其体内产卵；而雄高体鳑鲏则在河蚌“进”管的尾端射出精子，让精子被其吸进去。不同的雄高体鳑鲏会采取不一样的策略：体型较大的雄高体鳑鲏（“守卫者”）会同时守住雌高体鳑鲏和河蚌，待雌高体鳑鲏在河蚌体内产卵后，才将精子射进去；体型较小的雄高体鳑鲏（“游击队员”）则会找出有可能被注入卵子的河蚌，

①美国 2003 年卡通电影《海底总动员》（*Finding Nemo*）的主人公小丑鱼。——译者注

提前射进精子（精子在河蚌体内可以存活45分钟）。“守卫者”和“游击队员”的角色并非固定不变：如果身边的竞争者体型较小，雄高体鳑鲏就会采取守卫策略；反之则采取游击策略。

根据上述内容，我们可以知道，空间能力（通过迷宫实验测试）更胜一筹的雄高体鳑鲏产下后代的机会更大，因为它们更加擅长找到并记住可能被产卵的河蚌。除此之外，研究人员还将雄高体鳑鲏先后放进装有不同体型的竞争对手的鱼缸中，让它们依次扮演游击队员和守护者的身份，由此发现，雄高体鳑鲏在扮演游击队员时展现出来的空间能力，有效地代表着其产下后代的几率。若说这个结论也适用于解释人类男性的空间能力，这显然有点牵强。难道男性还需记住生育能力更强的女性的住所吗？然而，有人认为，空间能力对狩猎活动至关重要，空间能力更强的男性祖先更能确保妻儿免于饿死。

好吧，我们希望这位男性祖先没有给自己的妻儿端上蘸有特殊鱼子酱的河蚌……

鱼的故事：你找到了这个词！ 08

骗子！字母方阵中根本不存在这样的词。现在翻到第 27 页，看看动物王国里出现了哪些欺骗行为。

09 鱼的故事：你没有找到这个词

没词可找，这个游戏是为了测试你的诚信度。恭喜你，你以优异的成绩通过了测试！现在请翻到下一页，看看动物王国里出现了哪些欺骗行为。

答案

不好意思，我刚刚耍了个花招。可笑的是，我需要欺骗你，才能弄清你是否会作弊。虽然这是一个没什么风险的比赛。

动物会作弊或相互欺骗吗？这很难回答。一些动物行为在人类看来像是“欺骗”，但对动物来说是再自然不过的事。动物世界中不存在“规则”，因此也没有所谓的“违约”与“欺骗”。

以默默无闻的清洁鱼为例。清洁鱼和客户（珊瑚鱼）谈好了生意，负责清理它身上的寄生虫。这是双赢的交易：珊瑚鱼享受了清洁服务，清洁鱼也能饱餐一顿。不过，清洁鱼经常出尔反尔，不仅没有好好做清洁工作，而且还享用起了珊瑚鱼分泌的美味黏液（真香！）。一旦发现这种情况，珊瑚鱼就会驱逐这些骗子，转而寻找更加可靠的合作伙伴。一般情况下，这种策略行之有效：研究发现，清洁鱼受到处罚后，会重新以寄生虫为食。

我们完全可以将之看作一则道德寓言：两种鱼定下协议，一方想要滑头，在受到惩罚后，终于认清错误。这像极了皮克斯动画公司放映的影片。但是，我们也可以将之视为简单的“联合学习”，并没有牵扯到“欺骗”或“惩罚”。我做了A，我得到了食物；我做了B，我得到了更好的食物；我做了C，我得不到食物。同理，灵长类隐瞒食物位置，甚至提供误导信息的行为也不能证明它们懂得欺骗。灵长类或许只是觉得：只要这样做，就能莫名其妙地得到更多的食物。它们或许根本不明白“欺骗”是怎么一回事。

然而近几年，通过探究黑猩猩如何绕过研究人员来获取食物，科学家发现，黑猩猩在某种程度上确实懂得欺骗他人。实验开始时，研究人员会在自己面前摆上几片香蕉，一旦发现黑猩猩靠近，就立刻收起香蕉片。黑猩猩若想靠近香蕉片，则只有两条路线可供选择：第一条路线上有一面不透明的屏障，黑猩猩可以在不被看见的情况下靠近食物；第二条路线则换成了一面透明的窗户。值得注意的是，无论是在实验的开始，还是结尾，黑猩猩都倾向于选择第一条路线。此现象表明，黑猩猩并不是习得了一种行为模式，即我做了 A，我得到了食物；我做了 C，我得不到食物。相反，黑猩猩从一开始就知道自己需要“欺骗”研究人员。当然，我们没法批评黑猩猩做了某件不道德的事，这是没有意义的。然而，黑猩猩似乎知道，它们可以通过隐藏意图来获得有利的地位。比起清洁鱼的行为，黑猩猩的行为更像是“欺骗”。

大脑袋也有春天 10

现在，我们来说说鱼头吧。首先，请允许我问一句：你的头大(Big-headed)①吗？很简单，你只需拿起卷尺，在头部绕上一圈，就可以量出自己的头围。你可能需测量好几次才行，总之，你要一直试，直到确信得到了最大值。请不要作弊哟！量出了头围，就可以根据以下步骤算出与你身高相应的平均头围。头部大小与人的身高有关。试想一下，如果一个人的头围是 6 英尺（相当于 182.88 厘米），身高只有 5 英尺（相当于 152.4 厘米），不会显得很奇怪吗？算出结果后，你就能知道自己的头围是大于平均水平，还是小于平均水平了。

第一步：身高换算成厘米，再乘以 0.087；

第二步：若你是男性，则在上一步结果中加上 42.4；若你是女性，则加上 41.02。

我的身高约为 176.5cm，因此：

$176.5 \times 0.087 \approx 15.36$

$15.36+42.4=57.76$

①字面意思为“头大”，引申为“傲慢”，作者使用了这个词的字面意思。——译者注

由此，我们可知，身高 176.5cm 的男性的平均头围是 57.76cm。

算出了与身高对应的平均头围，你就可以知道自己的头围是偏大还是偏小了。粗略地来讲，如果你的头围比平均水平高出 2cm，那么在和你同等身高的同性别人群中，你的头就会比 90% 的人要大；同理，如果低了 2cm，则比 90% 的人要小。

不过，头大不大，真的很重要吗？

答案

人类打从知道智力“安置”于颅内的某处，便不断琢磨，头更大是否意味着更聪明。20 世纪早期，查尔斯·达尔文的表兄法兰西斯·高尔顿（Francis Galton）研究发现，头围和智力存在着正相关关系。这一观点很快被时人接受。紧接着，纳粹登场。他们以此为依据，试图利用不同种族在头围上的差异，来证明纳粹主义的伟大正确。此后，社会各界纷纷排斥“颅骨测量”，相关研究戛然而止。

进入现代社会，研究人员借用核磁共振成像（MRI）和电子计算机断层扫描（CT）测量出脑部尺寸，而不是颅骨的大小，证明了脑部尺寸和智力的相关性。发表于 2005 年和 2009 年的报告指出，脑部尺寸和智力的相关系数 介于 0.3 与 0.4 之间。即便使用的是开篇提到的粗糙方法，我们也能得出一个约为 0.2 的相关系数，这个数值虽小，却具备显著性差异。有趣的是，女性比男性表现出了更高的相关性，儿童也比成年人表现出了更高的相关性。

动物的情况又是如何呢，脑部越大的物种就越聪明吗？我们很难使用一种方法来测量各种各样的物种，但通过对比脑部大小和体型，再根据收益递减规律（Diminishing Returns）做出调整——比如，脑部体积增加 10%，对小型动物的影响要比大型动物大得多——我们就能得出答案。一般而言，脑部越大，生物就越聪明。

这就带来了一个疑问：既然脑部越大，生物就越聪明，那生物的脑部体积为什么没有飞速增长呢？针对这个问题，一些科学家提出了高耗能组织假说（Expensive-tissue Hypothesis）。该假说认为，比起皮肤组织和骨组织，脑组织耗能巨大。巨型大脑虽在理论上对生物大有裨益，但实际上很少有动物能摄取足够的能量以维持其运转，毕竟资源总是有限的。要验证这个假说，我们可以研究那些长着巨型大脑的物种是否被迫长出了较小的心脏、肾脏、肝脏和肠子，因为正常大小的器官也会消耗许多能量，甚至比脑组织还多。

说到这里，我们就要讲讲鱼头的故事了。最能有效验证高耗能组织假说的也许要数瑞典科学家做的一项研究了。这批瑞典科学家饲养了一群特别的孔雀鱼。与体型相比，这些孔雀鱼的脑部要么特别大，要么特别小。研究结果显示，脑部较大的孔雀鱼更聪明。它们更可能意识到：画着四个图形，而不是两个图形的卡片能带来食物。有趣的是，其后代数量也较少。这正好印证了高耗能组织假说：巨大的脑部会让身体的其他部位付出代价，比如繁殖力下降。

好吧，我希望你的脑部较大，内脏较小，因为下一节你将挑战本书中最复杂的测试。实际上，这可能也是我遇到的最可怕的谜题。

捣蛋的山羊 11

下面有三扇门，其中一扇的后面是一辆汽车，另外两扇的后面各有一只山羊。选中一扇，如果打开门后出现的是汽车，那么你就能赢得一辆汽车。来挑战吧！

你选中一扇门后，在揭示答案前，我会在另外两扇门中，打开有山羊的那一扇，然后再给你一次重选的机会：要么坚持原来的选择，要么换成另一扇关着的门。你会换吗？如果你早已听过这个问题，那就直接看答案吧；但假如你不是研究动物行为的专家，我希望你还是试着去回答——你一定能学到些不一样的东西。

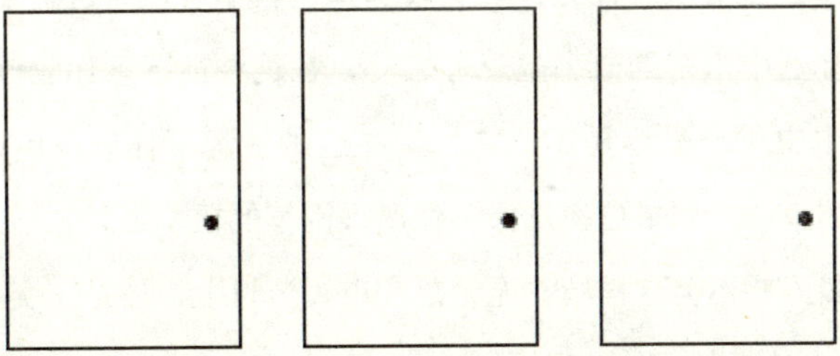

答案

如果想增加赢得汽车的概率，你应该更改选择。理论和实践（理论：通过数学运算；实践：大量进行这种游戏）都证明更改选择比较明智。

这便是所谓的“蒙提·霍尔问题”（Monty Hall Problem）[①]。这类问题近年来十分风靡，你很可能接触过，也知道答案。许多被告知答案的人都会觉得难以置信，甚至无法理解答案为什么是正确的。确实，答案与人类的直觉背道而驰。玛丽莲·沃斯·莎凡特，这位曾被吉尼斯世界纪录认定为“拥有最高智商的人类”的女性，在说出答案后，却被很多人谴责为数学盲。

有很多方法可以解释为什么更改选择比较明智，而这里是最简洁的方法：你选中汽车的概率是三分之一，在这种情况下你应该坚持选择；你选中山羊的概率是三分之二，在这种情况下你应该更改选择。因此，总体来说，如果更换选择，你赢得汽车的概率将是之前的两倍。不过，很多人并不会这样做。无论是在电视节目上，还是在实验室里，参与者都会一边倒地坚持自己最初的选择。

此时此刻，你一定在琢磨，这跟动物行为有什么关系呢。毕竟，即便是人类，到现在为止也只得到了安慰奖。两名创意十足的科学家

①是一个源自博弈论的数学游戏问题，大致出自美国的电视游戏节目 *Let's Make a Deal*。问题的名字来自该节目的主持人蒙提·霍尔。——译者注

展开了一项实验，研究鸽子如何解答“蒙提·霍尔问题”。鸽子面前放有 3 个按钮，被按下的按钮将转变颜色；只要啄中了特定的按钮，鸽子就会得到食物。一开始，3 个按钮都亮着白光，鸽子一旦啄中某个按钮，就像选了一扇门，这个按钮以及另一个按钮就会变成绿光，这时鸽子也面临了“坚持还是更改”的问题，它得在这两个按钮间继续做选择。待做出选择后，研究人员会根据一开始设定的“奖品按钮”，决定是否给它食物。当然，在整个实验过程中，研究人员不能提供任何提示。还有一点，鸽子和参加节目的人类不一样，可以尝试成百上千轮。

结果令人震惊。经过 30 天，每天 100 轮游戏训练，鸽子学会了更改选择。在这 100 轮游戏中，它们更改选择的次数超过了 96 次。你也许不以为意，觉得人类在接受了大量训练后也能学会更改选择。但实际情况并非如此。一批大学生也接受了类似的试验，然而，200 轮测试后，他们仍倾向于坚持原来的选择。尽管与那群长着羽毛的朋友相比，200 次只是凤毛麟角，但如果在 200 次测试后，你仍不愿更改选择，那么就算接受再多的测试，你也不会改变。

在这项任务中，人类的表现为什么会如此差劲呢？一个可能的解释是人类存在着损失规避倾向。就心理层面而言，“失去某样东西”比“无法得到同样的东西”要糟糕得多，前者的负面效应约为后者的两倍。从数学的角度来看，损失规避是不理性的，然而从进化的角度看，这很有意义。当面对一批可以让你挨过冬天的粮食时，你应该会选择守住粮食，而不是外出寻找更多的粮食。如果有人认为，没能将食物储备翻倍与失去现有的食物同等糟糕，那他肯定是疯了。我们至少可以部分地认为，人类之所以倾向于坚持最初的选择，是因为觉得“因更换选择而错过机会”比“坚持错误的选择”要可怕得多。此外，我们很可能受到了另一种现象的影响：在日常生活中，人们往往认为“坚持己见”比“临时变阵”高尚、勇敢得多，即便最初的选择相当随机。

人类的表现不如鸽子，还存在着第三种解释：人类在计算收益时太过“聪明”了。面对“坚持还是更换”的问题时，大多数人都算错了概率。他们认为无论更换与否，获胜的概率都是50%。像那些指责可怜的玛丽莲·沃斯·莎凡特的人一样，我们也高估了自己计算出正确概率的能力，不愿意放弃自己得出的数据，即便面前已经摆着200次测验提供的反证。对比之下，鸽子就不存在类似的认知偏差，它们只会在实际任务中了解概率，而不会提前计算。

无论如何，有一点是明确的：在这个由人类发明的游戏中，鸽子打败了人类。

人鸽之战：你能否挽回颜面？ 12

在人鸟大战中，鸽子以1比0暂时领先。但你不必灰心，下面还有4个测试可以让你和聪明的鸟类一较高下。让我们看看人类能否挽回颜面。

天降手机

你攒够了钱，想买一个漂亮的新手机。这钱是你辛辛苦苦做兼职赚来的。虽然厌恶这份兼职，但只要能买上新手机，你觉得一切辛苦都值得。于是，你在网上下了单。第二天一早，手机便送到了。然而当天下午，快递员又送来一个同样的手机。你很惊讶，随即拨打了网上商店的客服电话，可那边晾了你一个小时，两次答应给你回拨却始终没有消息。几番尝试后，你终于得到回应。客服在电话里告知，系统无法处理退回来的商品。这意味着如果留下手机，不再给该商店打电话，你便帮了那个惶惶不安的客服。你欣然同意，并决定犒劳一下弟弟。因为他的生日快到了，且其手机已经破烂不堪。那么问题来了，你会把哪一个新手机送给他呢？

□第一个　　□第二个

选哪个乐队？

3个月前，你花150美元买了一张比较喜欢的乐队的预售票。然而就在昨天，你最喜欢的乐队宣布要举行巡回演出，于是你立即抢购了一张100美元的门票。但你兴奋过头，没有意识到这两场演出在同一天晚上举行。更糟的是，你卖不掉任何一张门票，因为这两支乐队都不出名，且你的朋友都不喜欢。在这种情况下，你会观看哪场演出呢？

□150美元的那一场　　□100美元的那一场

别“杯”剧了①

你来到了跳蚤市场，想买些既漂亮又好用的咖啡杯。在这里，一个卖家出售的是20个装，其中3个杯子有缺口，2个杯子没手柄。另一个卖家出售的是12个装，杯子都完好无损。两家的要价一样，但你不能同时购买——也许是因为两个卖家都非常讨厌对方，如果买了其中一家的商品，另一家就不愿意卖给你。在这种情况下，你会向哪家购买呢？

□第一个卖家　　□第二个卖家

出租车事故

你所在的镇子有两家出租车公司：占有85%的市场的深红色出租车公司，以及占有15%的市场的青绿色出租车公司。一天晚上，镇子

①原文Don’t be a Mug，Mug可指“傻瓜”，也可指“杯子”。——译者注

上发生了一起肇事逃逸事故。法庭上，证人说自己看到的是青绿色的出租车，而公诉人则提出证据称，在当时的照明条件下，证人正确分辨出深红色和青绿色的概率为 80%。那么，你认为肇事逃逸车辆是青绿色出租车的可能性有多大？

□%

答案

天降手机

这个问题没有所谓的正确答案。无论送出哪个手机，结果都一样。但只要你如实回答，我就敢说你送出的是那个免费的手机。如果真是这样，那你就表现出了“心血辩护效应”(Effort-justification Effect)：比起免费或轻松就能获得的东西，你更重视来之不易的，即便两者其实都一样。这是一种逻辑谬误，实际上，无论留下哪个手机，对你来说都是一样的。

鸽子也陷入了同样的谬误。

实验设计得十分巧妙：鸽子接受了培训，知道一旦出现红键或绿键，2 秒后就能获得食物。一开始摆在它们面前的是白键：若想让白键变为红键，鸽子只需啄 1 下；若想让白键变成绿键，鸽子需啄 20 下。在最后阶段，鸽子能随意选择红键或绿键，无需再啄白键。那么这时，鸽子会选择哪种呢?

没错，鸽子会选原先需要花大力气才能得到的绿键，尽管两者对应的物品没有什么不同，就像上面的两个手机一样。

选哪个乐队？

这个问题就有正确答案了：你应该选最喜欢的乐队。如果选择了另外一场，那你就表现出了“沉没成本效应”（Sunk Cost Effects）：为了避免损失带来的负面情绪，你选择了非理性的行为方式，不想白白浪费那张 150 美元的门票。这同样是一种逻辑谬误。过去的东西不应该左右现在的行动，你永远都无法挽回那 150 美元。所以，你应该去观看自己最喜欢的乐队的演出。

而鸽子也陷入了同样的谬误（椋鸟也是如此）。假设鸽子已经啄了 10 下绿键，现在鸽子想要得到奖品，就必须再啄 20 下绿键，或者重新啄 10 下红键。鸽子若选择啄红键，就可以少啄 10 下，然而鸽子还是倾向于继续啄绿键，不想浪费已经投入的精力。

别“杯”剧了

事实上，花同样的钱，你能从第一个卖家那里购得 15 个杯子，而只能从第二个卖家那里买到 12 个杯子。你不会选择第二个卖家吧？你是否觉得如果选择第一个卖家，回家后还得费工夫扔掉 3 个杯子？如果选择第二个卖家，那你就表现出了“少即是多效应”（A Less-is-more Effect）：虽然得到了较少的杯子，但你觉得获得了更大的价值。这仍是一种逻辑谬误。“少”就是“少”，“多”就是“多”。这种谬误源于人类倾向于使用“整体”判断事物的价值。例如，研究发现，参与者估算一个汉堡含有 734 卡路里，但在估算一个汉堡加三根芹菜的热量时，他们则认为只有 619 卡路里，尽管他们并不认为吃掉一根芹菜会燃烧掉 38.33 卡路里。

我想你猜到了——鸽子也陷入了同样的谬误。鸽子在面对“豌豆”

以及“豌豆高粱套餐”（鸽子没那么喜欢高粱）时，会选择“豌豆”；只有在很饿的情况下，鸽子才会选择套餐。同样，狗更喜欢“芝士”而不是“芝士胡萝卜套餐”；猕猴更喜欢“葡萄”而不是“葡萄青豆套餐”。鸽子不讨厌高粱，狗不讨厌胡萝卜，猕猴也不讨厌青豆，如果得到这些东西，它们仍然会食用。但和人一样，鸽子、狗和猕猴也认为东西虽少，价值却更大。

出租车事故

如果认为答案是80%，那么你表现出了“忽略基本比率”（Base-rate Neglect.）。你忽视了以下的事实：在任意时间点，马路上的深红色出租车和蓝绿色出租车的比例都为85% 比 15%。这也就是说，在证人作证之前，肇事汽车是深红色出租车的概率是85%，而非50%。正确的答案是41%。现在，我们来算算以下四种情况出现的概率，尽管我们真正关心的只有最后两种。

- 证人判断肇事汽车为深红色出租车，而且判断正确的概率：80%× 深红色汽车的比例 85%=68%；
- 证人判断肇事汽车为深红色出租车，但判断错误的概率：20%× 蓝绿色汽车的比例 15%=3%；
- 证人判断肇事汽车为蓝绿色出租车，而且判断正确的概率：80%× 蓝绿色汽车的比例 15%=12%；
- 证人判断肇事汽车为蓝绿色出租车，但判断错误的概率：20%× 深红色汽车的比例 85%=17%。

先不要考虑证人的判断是否正确。根据上面的计算，我们可得知，证人判断肇事汽车为蓝绿色出租车的概率为 12%+17%=29%。其次，证人判断肇事汽车为蓝绿色出租车，而且判断正确的概率是 12%，那么在证人已经说出“肇事汽车为蓝绿色出租车”的情况下，证人判断正确的概率就应该是 12% 除以 29%，即 41%。这种解释可能有点复杂，你可以这样想：证人判断错误的概率比较低，只有 20%，但蓝绿色出租车接到活的概率更低，只有 15%。所以相比之下，发生“证人判断错误”的概率比发生“蓝绿色出租车是肇事车辆”的概率要大。

如果觉得难以弄清上面的问题，你可以从较简单的鸽子实验入手。研究人员就做了这样的实验。

实验的第一阶段：研究人员事先会随机把样品键设置为红色或绿色。然后，给鸽子另外一红一绿两个键选择。待鸽子选完后，研究人员会揭示样品键颜色。若选了与样品键颜色相同的键，鸽子就会获得奖励。

实验的第二阶段：研究人员将绿色键改为白色，然后继续进行实验。我们需要记住一点：这两个阶段的实验结果加起来，“样品键”为红色的概率为 50%，而绿色和白色则均为 25%。

那么，随着这两个阶段的实验的交替进行，鸽子的表现会如何呢？它会一直啄红色键。因为鸽子也会表现出“忽略基础比率”，它记住了样品键为红色的概率是绿色或白色的两倍。选择红键，在总体上貌似能让鸽子获得更多的奖励。然而，鸽子忽略了一个事实：在每一次选择中，无论是否选择红色，它得到样品的概率都是 50%，这便是鸽子忽视的基础比率。

你答对了多少？是否赢了鸽子呢？

		鸽子		你	
问题	现象	正确选择	陷入谬误	正确选择	陷入谬误
捣蛋的山羊	蒙提·霍尔问题	√			
天降手机	心血辩护效应		√		
选哪个乐队？	沉没成本效应		√		
别“杯”剧了	少即是多效应		√		
出租车事故	忽略基础比率		√		

你很可能没有战胜鸽子吧？这类研究的目的在于：揭示鸽子也会表现出那些普遍存在于人类身上的逻辑谬误。人类为什么会表现出这类谬误呢？谁也不知道确切的答案。不过，托马斯·泽恩托尔（Thomas Zentall）曾发表一篇综述，为我们提供了几个可能的解释。

倘若一个物种更重视辛苦得来的食物，即“心血辩护效应”，那么这个物种在寻找食物的过程中就会更愿意坚持下去。然而，一旦获得了自己相对满意的食物，采取进一步的行动对它而言就变得很不可靠且没必要，这可能就是“沉没成本效应”出现的原因，这种保守思想会影响到那些不存在这种风险的选择。“少即是多效应”似乎令人困惑，不过你得记住这一点：大多数动物不会计数，或者说不擅长计数。这意味着一般情况下，大多数动物只会判断出食物的大概数量。如果连计数都成问题，那计算概率则成了几乎不可能完成的任务。鸽子和人类在这方面的表现都一样，因而有了“忽略基础比率”谬误。

假如你真的赢了鸽子，那么在这里我向你祝贺。但且先不要沾沾自喜，因为现在你将挑战一种更聪明、更像人类的物种……

猴子经济学 13

这一次，我们的对手仍是精明的僧帽猴。这些家伙可能已经在“一杯昂贵的卡布奇诺”中击败了你。现在，扳平比分的机会到了。

下面是两颗 M&M 巧克力豆，一颗是红色，一颗是蓝色，请选择其中一颗：

然后，再选一颗巧克力豆，你可以二选一：下面的黄色 M&M 巧克力豆或上图中没有选择的那颗。

选了吗？请翻到下一页，看看僧帽猴的表现如何。

答案

在著名的耶鲁大学里，僧帽猴接受了测试。研究人员发现，僧帽猴在 60% 的测试中会选中黄色巧克力豆，而不是一开始没有选择的红色或蓝色巧克力豆。60% 的概率看似不大，却明显比 50%，即随机选择的概率要高。我们不禁会想，为什么僧帽猴不随机选择呢？三种巧克力豆尝起来都一样，僧帽猴在自由选择巧克力豆时，并没有表现出特别的偏好，研究人员已事先核实了这一点。

僧帽猴在"一杯昂贵的卡布奇诺"中打败了人类，然而在这项测试中，僧帽猴和人类（至少是人类小孩）的表现不相上下。研究人员使用贴纸让四岁小孩接受了类似的测试，结果发现，这群小孩在约 60% 的测试中选择了新出现的贴纸。研究人员事先会确保受试儿童对不同贴纸的喜爱程度是一致的。令人困惑的是，如果研究人员把那些新的巧克力豆或贴纸放在第一轮的选项中，僧帽猴和小孩就不会再偏爱它们了。实际上，僧帽猴甚至会偏爱第一轮里被换掉的巧克力豆，也许它们认为研究人员故意把更好吃的藏了起来。

被拒绝过的事物，其吸引力会变小，这似乎存在着一些特殊的作用因素。此外，鉴于僧帽猴和人类表现出了类似的行为，我们可知这类行为并没有牵扯到深思熟虑的推理过程，可能是下意识的，甚至是与生俱来的。这是怎么回事？研究人员为何能影响我们的偏好？

心理学家认为这是由认知失调引起的。认知失调是一种难以排除的不适感，行为（只能选择一种贴纸）和信念（两种贴纸一样好）的冲突会导致认知失调。认知失调令人不安，因此我们会尽力摆脱这种感觉。鉴于无法改变行为如实验的第一部分中同时选择两种贴纸是违反游戏规则的，我们只好通过改变信念来解除认知失调，如在实验中，我们会想："我新选择的贴纸会比我拒绝过的要好。"新出现的贴纸没有被拒绝过，所以，它看起来也就更有吸引力。

虽然上面的实验只研究了僧帽猴和儿童，但并不意味着成人能幸免于认知失调。1956年，研究人员针对成人做了一次类似的实验。该实验风格类似于《年代赛》（*Generation Game*）[①]，现在看来会有点性别歧视的意味。实验中，女大学生会看到一组家用电器，如咖啡机、三明治烤炉和吐司炉等，并按照喜爱程度给这组电器排序。接下来，研究人员会摆出其中的两件电器给参与者看，让其选择一个作为参加实验的奖励带回家。随后，研究人员会再次请求参与者给这组电器排序。结果发现，参与者会提高所选电器的次序，并降低没有选择的。令人扫兴的是，实验结束后，研究人员表示"选奖励"只是实验的一部分，所有参与人员均不能把电器带回家。一名参与者在听到这个消息后不禁流下了眼泪。

"偏好颠倒现象"（Preference Reversals）不只是一种奇特的实验现象，它也会出现在我们的生活中。例如，房地产经纪人想让你买下价格有点超出预算的C屋，而不是预算之内的B屋，那么他可能会先给你看A屋和B屋，希望你拒绝B屋。之后，C屋会突然出现在市场上（实际上C屋一直在市场上）。这样一来，相比于C屋，你选择B

① BBC出品的一档游戏节目，在节目中，会有四组选手相互竞赛。每组两个人，这两个人来自一个家庭，但不属于同辈。——译者注

屋的可能性就会变小。类似的道理也适用于超市自有品牌产品的排列次序上。你在超市购物时，可能会表现得不理性。对比于同类的“基础”产品，你会认为购买标准的中端产品不划算，转而考虑最贵的产品。在“价格等于质量”这种想法的驱使下，“偏好颠倒现象”更明显(参考“一杯昂贵的卡布奇诺”一节)。谁敢担保，在翻看菜单或酒单时，自己不会稀里糊涂地陷入这类诡计呢?

经济学家无疑明白当中的伎俩。在罗伯特·弗兰克（Robert Frank）所著的《牛奶可乐经济学》（*The Economic Naturalist*）中，我们可以看到下述对话（很可能是虚构的）：

顾客：“有什么口味的三明治？”

服务员：“有鸡肉沙拉和烤牛肉的。”

顾客：“那我要一个烤牛肉的。”

服务员：“哦，我忘了，我们还有金枪鱼的。”

顾客：“既然这样，我还是要鸡肉沙拉的吧。”

猴子经济学2：稳妥，还是冒险？ 14

我保证马上就说回僧帽猴。现在，容我们先看看“猴子经济学”的最后一个案例。

1. 你喜欢哪个选择？

(a) 100% 赢得 50 美元。

(b) 50% 的机会赢得 100 美元，50% 的机会一无所得。

2. 你喜欢哪个选择？

(a) 100% 失去 50 美元。

(b) 50% 的机会一无所失，50% 的机会失去 100 美元。

答案

你是不是选中了 1a 和 2b。如果是的话，你就和僧帽猴表现出了同样的行为模式。

在这个实验中，僧帽猴使用代币来交换食物，它们需要与两名研究人员中的其中一位做买卖。

实验的第一部分类似于问题 1。研究人员 A（“稳妥”）摆出一片苹果，收了僧帽猴的代币后，会把这一片和另一片一起拿给僧帽猴；而研究人员 B（“冒险”）也摆出了 1 片苹果，收了僧帽猴的代币后，要么只把这一片拿给僧帽猴（50% 的可能性），要么把这一片和另外 2 片一起拿给僧帽猴。结果显示，僧帽猴更喜欢和研究人员 A 做买卖，就像人类更喜欢 1a。

实验的第二部分类似于问题 2。研究人员 A（“稳妥”）摆出三片苹果，收了僧帽猴的代币后，会扔掉一片，只拿两片给僧帽猴；而研究人员 B（“冒险”）也摆出三片苹果，收了僧帽猴的代币后，要么把三片都拿给僧帽猴（50% 的可能性），要么只拿一片拿给僧帽猴。结果显示，僧帽猴更喜欢和研究人员 B 做买卖，就像人类更喜欢 2b。

乍看之下，这可能并不出奇，但仔细一想则不然。两部分的实验选项其实都是一样的：a 稳妥，可得到两片苹果；b 冒险，可得到一片苹果或者三片苹果。为什么僧帽猴会在第一部分选择“稳妥”，而在第二部分选择“冒险”呢？这涉及“框架效应”（Framing Effects）。在第一部分，两名研究人员都摆出了一片苹果，而在第二部分，两名研究人员都摆出了三片苹果。因此，“稳妥”在第一部分看起来就是“确定的收获”（两片，而不是只有一片），在第二部分看起来就是“确定的损失”（只有两片，而不是三片）。

当选项被定义为潜在的“收获”时，僧帽猴选择了规避风险。它心里可能在想：“我能得到两片美味的苹果，别太贪心，若白白丢了一片就不好了。”而当选项被定义成潜在的“损失”时，僧帽猴选择了冒险。它心里可能在想：“该死，我想要两片美味的苹果，但看起来我似乎已经丢了一片了，赌一把吧，说不定能把这片苹果赢回来！”

这猴子是不是很傻呀？然而，人类也是如此。如果你像大多数人一样，在可以得到钱的情况下选择了“稳妥”；在可能丢钱的情况下选择了“冒险”，那你跟这个实验中的僧帽猴并没有什么不同。虽然问题1被定义成了“赢钱”，问题2被定义成了“输钱”，但两个问题所提供的选择本质上是一样的：在可以稳妥地获得50美元的情况下，你会用这50美元去冒险，以赢得另外50美元吗？如果还有疑问，你可以看看另一个版本的试验。

1. 你刚拿到100美元，现在你会……

（a）100%的机会再拿到50美元。

（b）50%的机会再拿到100美元，50%的可能性不能拿到额外的钱。

2. 你刚拿到200美元，现在你会……

（a）100%的可能性失去50美元。

(b) 50% 的机会不失去任何钱，50% 的可能性失去 100 美元。

结果，每个人几乎仍做出了同样的选择：当问题被定义成“收获”时，我们选择“稳妥”，如问题 1；当问题被定义成“损失”时，我们选择“冒险”，如问题 2。我们可以更清楚地看到，这两个问题本质上是一样的：要么拿着 150 美元离开，要么赌一把，可能拿到 100 美元，也可能拿到 200 美元。

与我们在上一节看到的“偏好颠倒现象”相同，“框架效应”同时出现在人类和猴子身上，这表明“偏好颠倒现象”和“框架效应”可能有着共同的进化根源。不过，我们不禁会问：这种不合逻辑的偏见怎么会成为一种进化优势呢?

答案很可能是这样的：这些偏见在严格控制的实验环境中是不合逻辑的，但在自然环境下，它们行之有效。一方面，假如你储备了足以支持你存活的食物，那你一定会倾向于选择不外出冒险，而是好好守住现有食物。这说得通。另一方面，假如你刚失去了大批食物，极有可能被饿死，那么你会选择孤注一掷，外出狩猎。这也非常合理。同理，在实验环境下，贬低没有选择的巧克力豆可能有悖于逻辑；但在现实生活中，贬低没有选中的工作或伴侣对你的心理健康极其重要。

为“不合逻辑”的偏见举杯，为“猴子经济学”欢呼三次!

15 人猿合一

当见识了灵长类祖先如何在我们身上留下各种各样的思维偏见后，再让我们看看这种天性是否可以提供一些关于英格兰足球超级联赛（Premier League，简称英超）的信息。

猜一猜，在英格兰的 92 个足球俱乐部中，穿着特定颜色球衣的俱乐部分别有几个？我们只考虑这些俱乐部的主场球服，并且不考虑球服的边角和小细节。此外，我们视条纹球服（两种颜色几乎占有一样的比例）由两种颜色构成。

黑白	
蓝色（浅蓝和 / 或深蓝）	
蓝白	
白色	
绿白	
灰白	
红白	
红色	
红黑	
红蓝	
深红色	

续表

橙色（包括金色和黄褐色）	
橙色和深红色	
橙黑	
黄色	

现在，让我们来了解一下杰出的人类行为学家德斯蒙德·莫里斯（Desmond Morris）。1967 年，莫里斯发表了《裸猿》（*The Naked Ape*），随后声名鹊起。在《裸猿》中，莫里斯从进化的角度探讨了人类的各种行为。他在序言里提到，现存近 200 种灵长类中，只有人类没有覆盖厚厚的体毛。此外，他也在《人类动物园》（*The Human Zoo*，他将居住在城市里的人类比作动物园里的圈养动物）、《人类行为观察：人类行为的实地指南》（*Manwatching: A Field Guide to Human Behaviour*）中进一步阐述了这一主题。之后，莫里斯把目光转向足球，发表了《足球部落：人类行为观察姊妹篇》（*The Soccer Tribe: A Companion Volume to Manwatching*），从动物学角度分析了这项美妙的运动。本节的灵感便来自于《足球部落》中的“部落色彩”（Tribal Colours）一节。

答案

答案如下：第一个表按上文表格的次序排列，第二个表按数量从多到少的次序排列。

黑白	2
蓝色（浅蓝和 / 或深蓝）	17
蓝白	10
白色	12
绿白	2
灰白	1
红白	9
红色	21
红黑	1
红蓝	1
深红色	4
橙色（包括金色和黄褐色）	5
橙色和深红色	1
橙黑	2
黄色	4

红色	21
蓝色（浅蓝和 / 或深蓝）	17
白色	12
蓝白	10
红白	9
橙色（包括金色和黄褐色）	5
深红色	4
黄色	4
黑白	2
绿白	2
橙黑	2
灰白	1
红黑	1
红蓝	1
橙色和深红色	1

莫里斯认为，球队偏爱色调显眼的球服，没有球队会选择棕色、灰色或淡色的球服。这类似于毒蛇（橙黑）、黄蜂（黄黑）和臭鼬（黑白）等动物的警戒色，球员通过球服表明自身无所畏惧，从而获得一

种心理优势。莫里斯甚至写道："若对手看到这类鲜艳的色彩，便会在潜意识中意识到靠得太近会有'被蜇'或'中毒'的危险。"你没看错，莫里斯说的正是足球运动员。

按理说，穿黄色或橙色球服的球队不是应该更多吗？莫里斯认为，这里存在着其他的心理联想。黄色让人联想起懦弱，而橙色则被视为中间色，给人一种拿不定主意的感觉（留意一下大多数球服如何使用三基色）。与之形成对比的是，红色象征着血液、激情、生命、力量和热烈。至于蓝色大受欢迎的原因，莫里斯则认为，这可能是由于蓝色能让队友平静下来。此外，部分球队选择蓝色或白色，可能还有另外一个原因：与同城的竞争对手形成对比，确保在德比日[①]中的两支球队都可以穿上自己的首选球服。值得一提的是，白色比意料中更受欢迎，可能是因为白色使人联想起英雄主义。

这种解释虽然说得通，但是我们可以验证吗？也许吧。莫里斯认为："红色的象征意义让它成为竞技队伍的首选颜色。然而令人困惑的是，红色在一些国家并没有那么受欢迎。"莫里斯的理论若正确，那么身穿红色球服的球队应该会成为英格兰联赛的冠军常客。但实际上，红色虽然名列榜首，但并没有远超其他颜色。总而言之，身穿不同颜色球服的冠军球队在92个足球俱乐部中都有分布：身穿红色球服的球队共获得52次冠军（曼联足球俱乐部、利物浦足球俱乐部、阿森纳足球俱乐部和诺丁汉森林足球俱乐部）；身穿蓝色球衣的球队共获得22次冠军（切尔西足球俱乐部、埃弗顿足球俱乐部、曼城足球俱乐部、朴次茅斯足球俱乐部、伊普斯维奇足球俱乐部、莱斯特城足球俱乐部）；身穿蓝白球衣的球队共获得11次冠军（哈德斯菲尔德镇协会足球俱乐部、谢菲尔德星期三足球俱乐部、西布罗姆维奇足球俱乐部、布莱克本足

①即同在一个城市的两支球队相互对抗。——译者注

球俱乐部）；身穿白色球衣的球队共获得 9 次冠军（利兹联足球俱乐部、托特纳姆热刺足球俱乐部、普雷斯顿北区足球俱乐部和德比郡足球俱乐部）；身穿红白球衣的球队共获得 7 次冠军（桑德兰足球俱乐部、谢菲尔德联足球俱乐部）；身穿深红色球衣的球队共获得 9 次冠军（阿斯顿维拉足球俱乐部、伯恩利足球俱乐部）；身穿黑白球衣的球队共获得 4 次冠军（纽卡斯尔联队足球俱乐部）；身穿橙色球衣的球队共获得 3 次冠军（或者“古金色”，狼队足球俱乐部坚持以此称呼这种颜色）。

身穿红色球服的俱乐部所获的冠军数确实比我们预计的要多，但这主要得益于三家俱乐部的表现：曼联、利物浦和阿森纳，分别获得 20、18 和 13 次冠军。此外，莫里斯的分析在其他联赛中都站不住脚。大多数情况下，西班牙足球甲级联赛（简称“西甲”）的冠军不是皇家马德里队（白色球服、32 次冠军），就是巴塞罗那（红蓝球服、24 次冠军）；拜仁慕尼黑（红色球服、25 次冠军）在德国足球甲级联赛（简称“德甲”）中独领风骚；主宰着法国足球甲级联赛（简称“法甲”）的是马赛足球俱乐部（白色球服、10 次冠军）和圣埃蒂安足球俱乐部（绿色球服、10 次冠军）；意大利甲级联赛（简称“意甲”）的情况至少支持了“警戒色”的说法：身穿黑白球服的尤文图斯足球俱乐部赢得 36 次冠军。然而，身穿红黑球衣的 AC 米兰和身穿蓝黑相间球衣的国际米兰各赢得了 18 次冠军，总计也是 36 次。

根据不同球队所获得的联赛冠军数，我们可知莫里斯对于部落颜色的论述有些苍白无力。但如果深度挖掘，只看球队的主场胜率（球队在主场会穿上首选球衣），你就会发现，身穿红色球衣的球队的表现，确实比我们预测的结果要好。更重要的是，在不穿红色球服的客场上，这些队伍的胜率比其他球队的客场胜率要低。这很重要，因为它表明了身穿红色球服确实能为球队带来优势，而不仅仅是因为身穿红色球衣的是曼联、利物浦和阿森纳。不过，这种分析也并非无懈可击：三大俱乐部有着更大的体育馆和海量的热情粉丝，比起小型俱乐部，有着更大的主场优势。若要验证莫里斯理论的正确与否，关键在于：在那些不是由红衣球队主导的联赛中，我们是否能观察到同样的模式。

守门员一般不穿红色球衣。然而，研究人员有力地证明了，一旦守门员穿上红色球衣，他的表现就会更好。最近，研究人员让守门员防守同一群球员的点球。实验先后使用了两名守门员，并要求他们在每一次点球后更换球衣。他们穿着不同颜色球衣的次数一样。对于每次点球，执行点球的球员都抱有同等程度的自信。结果显示，当守门员身穿红色球衣，而并非蓝色或绿色球衣时，球员射进点球的概率会大大减小。

因此，莫里斯有关“一些颜色会带来心理优势”的说法看似无稽之谈，却似乎得到了印证。不过，我们千万不要过度相信这种论调：按理说，尤文图斯是最成功的意大利球队，但当得知他们借鉴了诺丁汉郡足球俱乐部的球服后，你是不是觉得球服上黑白相间的警戒色看起来没那么吓人了。

今天你血脉偾张了么？ 16

可以说，诺丁汉郡足球俱乐部并不是联赛中最性感的那一家。我在这里向诺丁汉郡足球俱乐部的粉丝说声抱歉。不过接下来，你将看到一些让你脉搏加速的东西。

不要只听我说，亲自试试。读下去之前，先量量脉搏。

首先，端详下面两张图片中更吸引你的那一张。这不是黄色图片，但至少有一张能让你脉搏加速。如果没有，你可以找其他图片。现在，再次量量脉搏。

发现脉搏加速后，请大叹一声。感觉如何？

答案

叹完气后，脉搏跳动加速的情况是否减缓了？研究人员在马身上也发现了同样的现象。他们在 15 匹公马身上安置了心率测试仪，并让一匹漂亮的母马在它们眼前站立（不是图片，而是真马，但公马无法靠近）。随后，这 15 匹公马开始焦虑不安、热血沸腾，心率测试仪的数字也快速蹿升。最后，伴随着一阵嘶鸣，数字降回正常水平。人类也是如此，我们似乎能通过发出声音来缓和情绪，降低兴奋感。所以，你如果感到怒火中烧，可以试着大叹一声。在公共场合也可以这样做，当然，别像马那样张扬，千万不要嘶鸣。

第二部分

大本领 小伎俩

17 谁的性格最稳定？

如果这群公马按捺不住，可能会选择与母驴交配。这样的结合通常不会有结晶，不过，万一母驴产下了驴骡[①]，那这个可怜的小家伙可能就得做性格测试了。幸好，研究人员已经有了一套科学有效的性格测试方法。

动物性格测试听起来荒谬，实则常见。孔雀鱼、章鱼、老鼠、猪、鬣狗、恒河猴、大猩猩、黑猩猩、猫和狗，这些动物都接受过性格测试。乍看之下，给动物做性格测试就是一个大笑话，但研究动物性格的权威专家萨姆·戈斯林（Sam Gosling）指出："进化理论中没有任何东西表明只有物理特征（外部特征）受选择压力的影响。达尔文也认为，人类和动物都有情绪。"例如，我们不难看出，在进食、打斗和交配等方面，比起害羞的动物，自信的动物更可能表现突出。

人类主要有五种人格特征，分别为外倾性、尽责性、宜人性、开放性和神经质，具体定义请看下文。戈斯林在汇总19项动物性格研究的成果后得出结论：除孔雀鱼和章鱼似乎在"宜人性"上不怎么波动外（想想看，你遇到过令你生厌的章鱼吗？），上述物种普遍存在类似于外倾性、神经质和宜人性的特征。当然，不同的物种在这三种特性

①公马和母驴产下的后代称为驴骡，公驴和母马产下的后代称为马骡。——译者注

上的表现大有不同："对于人类而言，如果一个人在周六晚上选择待在家里，或在参加派对时只想躲进小角落里，那么他在'外倾性'上的得分就会较低。而对于章鱼来说，当不必捕食时，它若选择躲在洞穴中，通过改变颜色或往水里吐墨以隐藏自己，那么它的'胆量'就较小。"其他灵长类大都表现出某种形式的"开放性"，鬣狗、猪、狗和猫也是如此。但是，似乎只有黑猩猩才有某种程度的"尽责性"。那么，是否存在着一些性格特征，其在动物身上表现得很明显，却在人身上表现得不明显呢？也许吧。"支配性"在许多动物身上都表现得十分稳定，但在人类身上并非如此。例如，知识分子一般在学术舞台上很有"支配性"，但在运动舞台上则不然。

五大人格理论

- 神经质：焦虑、抑郁、抗压力差、情绪不稳定；
- 宜人性：信任、体贴、合作、侵略性弱；
- 外倾性：好社交、自信、活跃、积极；
- 开放性：爱思考、想象力、创造力、好奇心；
- 尽责性：谨慎细心、严于律己、尽职尽责、井然有序。

闲言少叙，现在，请对比一下你和你的爱犬的性格。如果家里没有狗，那就随便找一只你认识的狗，虚构的也无所谓。

下面罗列了各种性格特质，有些适用于你和你的爱犬，有些则不然。例如，你或你的爱犬喜欢交际吗？请根据实际情况，在方框中圈出相应的数字。

	你					狗狗				
	完全不同意	有些不同意	一般	有些同意	完全同意	完全不同意	有些不同意	一般	有些同意	完全同意
1. 能言善道	1	2	3	4	5	1	2	3	4	5
2. 难以取悦	5	4	3	2	1	5	4	3	2	1
3. 做事有头尾	1	2	3	4	5	1	2	3	4	5
4. 容易低落	5	4	3	2	1	5	4	3	2	1
5. 富有创意	1	2	3	4	5	1	2	3	4	5
6. 寡言少语	5	4	3	2	1	5	4	3	2	1
7. 乐于助人	1	2	3	4	5	1	2	3	4	5
8. 有些粗心	5	4	3	2	1	5	4	3	2	1
9. 善于处理压力	1	2	3	4	5	1	2	3	4	5
10. 好奇心强	1	2	3	4	5	1	2	3	4	5
11. 精力充沛	1	2	3	4	5	1	2	3	4	5
12. 容易与人拌嘴	5	4	3	2	1	5	4	3	2	1
13. 值得信赖	1	2	3	4	5	1	2	3	4	5
14. 容易紧张	5	4	3	2	1	5	4	3	2	1
15. 喜欢思考	1	2	3	4	5	1	2	3	4	5
16. 富有激情	1	2	3	4	5	1	2	3	4	5
17. 宽宏大量	1	2	3	4	5	1	2	3	4	5
18. 缺乏条理	5	4	3	2	1	5	4	3	2	1
19. 忧心忡忡	5	4	3	2	1	5	4	3	2	1
20. 缺乏想象力	5	4	3	2	1	5	4	3	2	1
21. 喜欢安静	5	4	3	2	1	5	4	3	2	1
22. 信任他人	1	2	3	4	5	1	2	3	4	5

续表

	你					狗狗				
	完全不同意	有些不同意	一般	有些同意	完全同意	完全不同意	有些不同意	一般	有些同意	完全同意
23. 有些懒惰	5	4	3	2	1	5	4	3	2	1
24. 情绪稳定	1	2	3	4	5	1	2	3	4	5
25. 善于变通	1	2	3	4	5	1	2	3	4	5
26. 坚定自信	1	2	3	4	5	1	2	3	4	5
27. 冷淡疏远	5	4	3	2	1	5	4	3	2	1
28. 坚持到底	1	2	3	4	5	1	2	3	4	5
29. 喜怒无常	5	4	3	2	1	5	4	3	2	1
30. 热衷感官体验	1	2	3	4	5	1	2	3	4	5
31. 有时会羞怯	5	4	3	2	1	5	4	3	2	1
32. 体贴善良	1	2	3	4	5	1	2	3	4	5
33. 做事效率高	1	2	3	4	5	1	2	3	4	5
34. 局势紧张时仍能保持镇定	1	2	3	4	5	1	2	3	4	5
35. 喜欢学习，尝试新事物	1	2	3	4	5	1	2	3	4	5
36. 外向，好社交	1	2	3	4	5	1	2	3	4	5
37. 善于了解别人的需要和感受	1	2	3	4	5	1	2	3	4	5
38. 有条理，有决心	1	2	3	4	5	1	2	3	4	5
39. 容易焦虑	5	4	3	2	1	5	4	3	2	1
40. 喜欢琢磨	1	2	3	4	5	1	2	3	4	5
41. 愿意合作	1	2	3	4	5	1	2	3	4	5
42. 容易分心	5	4	3	2	1	5	4	3	2	1
43. 见多识广	1	2	3	4	5	1	2	3	4	5

答案

请按以下步骤，算出你们在五大特征上的分数，并把结果填进下面的表格。接着，对比下你和你的爱犬的性格，看看有何异同。

- 外倾性，对于狗而言，就是活力：加总第1、6、11、16、21、26、31和36栏圈中的数字；
- 宜人性，对于狗而言，就是讨喜：加总第2、7、12、17、22、27、32、37和41栏圈中的数字；
- 神经质：加总第4、9、14、19、24、29、34和39栏圈中的数字；
- 开放性，对于狗而言，就是智力和能力：加总第5、10、15、20、25、30、35、40和43栏圈中的数字；
- 尽责性：加总第3、8、13、18、23、28、33、38和42栏圈中的数字。考察这个特征对狗来说没有太大的意义，不过，你如果要测量自己选中的狗在这方面的得分，谁也拦不住你。

把分数填入下面的表格。

	你	狗狗
外倾性 / 活力		
宜人性 / 讨喜		
神经质		
开放性 / 智力和能力		
尽责性		

你有所发现吗？你的爱犬像巴拉克·奥巴马（Barack Obama）、J.K. 罗琳（J.K. Rowling）一样能力出众、一丝不苟，还是像凯蒂·佩里（Katy Perry）[①]和詹姆斯·托德·史密斯（LL Cool J）[②]一样活力四射、讨人喜欢？它和著名的西尼德·奥康娜（Sinead O'Cornner）[③]和威廉·莎士比亚（William Shakespeare）一样情感丰富吗？

更重要的一点在于，你该如何比较你的爱犬和你的朋友、家人？想要找出答案，但又觉得这项测试有点杂乱，别担心，这里还有一种简便得多的性格测试……

①美国流行女歌手、演员兼词曲创作者。——译者注
②全名 James Todd Smith，美国著名饶舌歌手、演员，他更为人所熟知的名字是 LL Cool J。这个名字是“Ladies Love Cool James”，意为：女人都爱酷詹姆斯。——译者注
③爱尔兰流行歌手和歌曲作者。——译者注

猫狗真相 18

这项性格测试只包含了一道问题：

你是……

(a) 爱猫人士

(b) 爱狗人士

(c) 两者都是

(d) 两者都不是

答案

承蒙我们亲爱的动物评估员萨姆·戈斯林的相助，我们找到了“猫狗真相”，具体来说应该是关于爱猫人士和爱狗人士的真相。萨姆·戈斯林让浏览其网页的人做了一项标准性格测试。结果如下：

爱狗人士在“外倾性”“宜人性”和“尽责性”上的得分高于爱猫人士，而爱猫人士在“神经质”和“开放性”上的得分高于爱狗人士。既爱狗也爱猫的人和既不爱狗也不爱猫的人一般介于两者之间，但有一点除外，即这两类人也像爱狗人士一样，在“神经质”上的得分偏低。爱狗或爱猫人士在五大人格特征上的得分并没有出现性别差异，不过，比起男性，女性爱猫的可能性要大得多。现在我们已经找出了“猫狗真相”，最后只需再回答一个问题：猫咪在狗狗的选美比赛上获胜，这叫什么？

这叫“猫咪赢得了奖杯”（A Cat-has-trophy）[①]。

①这是一个英语笑话，字面意思“猫咪赢得了奖杯”，但 cat-has-trophy 和 catastrophe 的发音相同，后者的意思是“灾难”。——译者注

爱狗人士与“爱人狗士” 19

让我们来探讨另一个关于狗的“真相”，这同样需要与人类对比。请先仔细观察下面两组图片。

1a

1b

2a

2b

每组图片中，你更喜欢哪一张？四张图片中，你注视最久的又是哪一张？

答案

左图的人或狗彼此问候，而右图的人或狗相互背对、远离。结果显示，大多数人偏爱左图。这种偏好在人们的婴幼儿时期便显示出来。例如，相比于背对背，当电视上的两人面对面时，六个月大的婴儿盯住电视的时间会更长。人类是天生的社交动物，从出生的那一刻开始，便自然而然地渴望并寻求社交。社交是人类学习包括语言和行为规范在内的各种技能的基础。

和人类一样，狗也是天生的社交动物，因此我们很可能在狗身上看到同样的行为模式。确实如此。狗在观看上面的图片时，会花更多的时间在左图上，无论图片里显示的是人还是狗。

然而，我们还是在两个物种的身上找到了一个有趣的差异：一般而言，人类观看最久的图片是两只狗在互动的那张（左上角），而狗观看最久的图片是两个人在互动的那张（左下角）。芬兰研究人员海尼·托恩奎斯特（Heini Törnqvist）、米亚马里亚·库亚拉（Miiamaaria Kujala）以及二人分别在赫尔辛基大学（Helsinki University）和阿尔托大学（Aalto University）的同事解释说，这可能是因为要理解两个非同类个体的互动情况，动物需要花费更大的精力。另一种可能的解释是：人类本能地更喜欢狗，如爱狗人士；而狗则更喜欢人，如“爱人狗士”。

但该解释站不住脚。这支研究团队让狗观看了各种各样的脸，发现比起人脸，狗观看狗脸的时间更长。许多人自认为更喜欢狗而不是人，而狗更喜欢的是自己的同类。

这并不是说狗对人不感兴趣，相反，狗对人情有独钟。任何养狗人士都会告诉你，狗当然喜欢观察人类之间的互动，它们也喜欢，甚至更喜欢和人类互动。狗喜欢人，这是人类长期驯养的结果。其他的犬科动物，如灰狼、胡狼、郊狼、非洲野犬和澳洲野犬，对人则没有特别的兴趣。在过去的1.5万年里，人类一直挑选并驯养犬科动物中那些对人类非常友好的个体。通过这个驯养过程，家犬逐渐成了人类最好的朋友。在各种动物中，狗具有能讨好人类的多种特性，例如……

20 狗，一本活字典

养狗人士知道，即使是较愚笨的狗，也能听懂少量词汇，比如它们的名字以及一些指令：翻滚、起身走动、伸出爪子。一些较聪明的狗则能学会数百个词汇。此外，有一只名叫雀瑟（Chaser）的雌性边境牧羊犬，其词汇量超过了 1 000，可谓一本活字典。

在得知九岁大的边境牧羊犬里科（Rico）已经记住 200 多件物品的名称后，来自南卡罗来纳州的两名心理学家约翰·皮利（John Pilley）和阿利斯顿·里德（Alliston Reid）开始训练雀瑟。里科的记忆力惊人，但这两名心理学家想弄清的是，若在幼年就接受训练，狗狗会不会表现得更好。雀瑟接受训练时才八周大。在三年的时间里，它每天都要学习 1 ～ 2 个单词——看物品，重复物品的名称 20 ～ 40 次。同时，它每天都得接受测试：从 50 件玩具中取出指定的那一件。

你能在记词大赛中战胜雀瑟吗？下面是这只聪明的狗狗学习的 10 个俄语单词，以及对应的图片。俄语发音十分特殊，因而对于你和雀瑟来说，这项任务具备同等的难度。尽力记住这些单词，并在今天晚些时候进行自测。如果想接受更大的挑战，你可以选择在明天进行自测。容我提醒一下：雀瑟平均每天学会两个单词，这也就是说，你每天至少要学会两个单词，才能打败雀瑟。

请记得在今天晚些时候或者明天完成下一节的测试哟。

21 它们必须足够机灵

为公平起见，你和雀瑟会接受同样的测试：给定图片，找到相应的单词，而非给定单词，因为狗狗无法做到这一点。现在请将 poyezd、noga、medved、malchik、sobaka、ryba、loshad、chasy、myach 和 zmeya 这 10 个词填进对应图片的下方，然后翻回前面对一下答案。

下面是另一个测试。这一次，请找出与 yabloko 对应的图片。

答案

找到 yabloko 对应的图片了吗？你也许会想，这个新词最有可能对应着此前没有看到的物体。没错！ yabloko 就是苹果。我们普遍认为，只有人类才会运用排除法，但雀瑟也以优异的成绩通过了测试。在主测试中，你若答对了两个单词，那么恭喜你没有被狗狗打败。不过，我们不能确定你是否战胜了雀瑟，因为它每天只接触两个单词，而据我们所知，雀瑟每天能记住的单词要多于两个。

为什么狗这么聪明呢？研究人员认为，这是因为人类选择饲养了那些不仅对人类友好，而且能读懂并听从人类指令的狗。这种解释适用于边境牧羊犬，因为它们必须足够聪明，且愿意服从人类的指令，才能有效地驱赶羊群。

通过探究狗狗智力的演化过程，我们可以看到进化的力量（参考“长颈鹿的脖子是怎么来的？”一节）。在狗和狼的共同祖先中，那些具有某项特定能力——如理解人类指令的个体，因符合人类的要求而被挑选出来，久而久之便进化为新的物种。这涉及与自然选择相对的人工选择，意味着我们不仅能看到进化的发生，还能控制进化的方向。打开文后的网站链接，你会看到一个让人眼前一亮的实验：利用银狐，在短时间内复制驯养动物的过程。银狐是狗和狼的近亲，然而，在进行这项实验之前，人类从未驯养过银狐。

现在，我们说回雀瑟。两年后，当再次接受测试时，这只机灵的牧羊犬仍然通过了排除法测试。下面还有一个测试，但请先别看。如果你真的想证明自己比狗聪明，那就先放下书，在日历上画个记号，两年后再来测试。

网站链接：

关于雀瑟的视频：

https://v.qq.com/x/page/i05243owi6x.html

下面的文章谈论了“银狐实验”。实验中，科学家成功地在短时间内复制了驯化的过程：

http://www.americanscientist.org/issues/pub/early-canid-domestication-the-farm-fox-experiment

你真比狗聪明吗？ 22

欢迎回来，恭喜你在这个充满不确定性的世界中多活了两年。你看起来还是那样年轻。言归正传，请在下面找出与 lenta 对应的图片。请不要作弊。这里我就不给答案了，你做完选择后，可翻回前面几页，看看正确与否。

2|3 智人：其他物种的主宰[①]

在上一节中，我们解释了能理解人类指令的家犬的进化渊源，虽然其中涉及的是人工选择，而不是自然选择。鉴于达尔文进化论的假定——人类和动物在智力上的差异，只是程度差异而非类别差异——是本书的中心论点，因此，让我们把游戏或其他娱乐暂放一边，用一整节来探讨进化论，进而重新思考智人在地球上的地位，希望大家不要介意。

达尔文发表《物种起源》，解释了不同物种的由来。那么，什么是物种？如果双方能交配并产下可育后代，就属同一物种。马和驴（参考“谁的性格最稳定？”）不是同一物种，虽然它们偶尔会交配，但是产下的马骡或驴骡没法生育后代。此外，不同品种的狗属于同一物种，因为不同品种的狗交配后产下的混血狗，可以生下后代。当然，前提是其他狗狗不顾这些混血狗的长相，爱上了它们。

若想知道两只动物是否属于一个物种，你只需找出它们的拉丁学名。现在，我们讨论一下“马”和“驴”的拉丁学名。一种动物对应一个拉丁学名，后者由属名和种名组成。属指的是共享同一祖先的多

①本节的灵感来自于尤瓦尔·赫拉利（Yuval Noah Harari）的畅销书《人类简史》（*Sapiens: A Brief History of Humankind*）。——作者注

个物种。例如，马属（Equus）至少包含七个物种：野马（Equus ferus）、非洲野驴（Equus africanus）、亚洲野驴（Equus hemionus）、西藏野驴（Equus kiang）、山斑马（Equus zebra）、平原斑马（Equus quagga）和细纹斑马（Equus grevyi）。请留意，我们平时说的斑马实际上有三种，它们是完全不同的物种。这也就是说，三种斑马存在着生殖隔离，无法产下可育后代。

种下面又分出亚种。从生殖的角度看，亚种之间的区别并不重要，因为不同亚种可以交配并产下可育后代。例如，野马有三个已知的亚种，分别为家马（Equus ferus caballus，我们平时所说的马），普氏野马（Equus ferus przewalskii，濒临灭绝的蒙古野马）和欧洲野马（Equus ferus ferus，1909 年灭绝）。这三个亚种同属一个物种。家马和普氏野马可以走到一起，维持一段稳定的关系，生下可育后代。这并非只是理论。20 世纪 70 年代中期，伦敦动物园里一匹名为乔劳（Csar）的普氏野马（公马）与三匹威尔士小型马交配，后者分别产下三匹小马，其中的两匹也成功交配并产下后代。①

知道了“物种”的定义后，我们来玩一局猜谜游戏。猜猜下面每个属中现存的物种有多少个？答案见第 83 页。

猫属（Felis，如中小体型的猫类，包括家猫）	
树袋熊属（Phascolarctos，如考拉）	
熊属（Ursus，如熊）	
长颈鹿属（Giraffa，你猜到了吧！）	

①按照传统的分类方法，我们可以认为普氏野马和家马属于一个物种。在现代，我们能借助 DNA 测序技术来划分“物种”，这两种鉴定方法有时会得出不一样的结果（就像这个案例）。——作者注

续表

非洲象属（Loxodonta，如非洲象）	
亚洲象属（Elephas，如亚洲象）	
犬属（Canis，如狼和家犬）	
人属（Homo，如人类）	

答案

前面列出的属，其涵盖的物种并不多，有些甚至只有一个。不过，它们几乎都有过更多的物种，只是绝大部分灭绝了[①]。

答案：

猫属（Felis）	9
树袋熊属（Phascolarctos）	1
熊属（Ursus）	4
长颈鹿属（Giraffa）	1
非洲象属（Loxodonta）	2
亚洲象属（Elephas）	1
犬属（Canis）	7 ~ 10
人属（Homo）	1

值得一提的是，我们所在的人属也不例外。尽管人属中只有智人（Homo sapiens）生存至今，但历史上至少出现过6种古人类：直立人（Homo erectus）、佛罗勒斯人（Homo floresiensis）、能人（Homo

①实际上，地球上99%的物种（包括植物和动物）都灭绝了。——作者注

habilis)、海德堡人（Homo heidelbergensis）、纳莱迪人（Homo naledi）和尼安德特人（Homo Neanderthalensis）。我在书中一直强调，智人并无特别之处。实际上，发明了 iPad 和青霉素的我们算不上最成功的人类，至少从生存能力上来说是这样。直立人（东亚）生存了近 200 万年，是我们目前生存时间的十倍。但我们是如何得到这些信息的呢？

一直以来，我们可研究的只有化石。但借助 DNA 测序技术，科学家可以准确地追溯我们的祖先。现在我们知道，智人和尼安德特人不仅在血缘上很近，而且曾经共存，甚至在极少数情况下还会交配。尼安德特人遭遇了什么？就在数年前，还有专家认为这两个物种通过异种交配融合在了一起。不过，发表于 2011 年和 2012 年的分析报告指出，遗留在智人身上的尼安德特人 DNA 很少，这两个物种并没有通过异种交配融合在一起。真相是残酷的：智人直接消灭了欧亚大陆的尼安德特人，以及东亚的直立人。人们普遍认为，所有现代人都起源于东非的一支队伍。这支队伍走出非洲后，在接下来的 7 万年里不断迁移，后代遍布世界各地。这就是我们常听到的“非洲单源说”（Out of Africa Theory）。

你可能会想，这与进化论有何关系呢？DNA 测序结果显示，智人和其他古人类有着共同的祖先。人类与黑猩猩或倭黑猩猩之间也是如此。请参考“你比黑猩猩更聪明吗？”一节。另一种可能的解释是，某位造物主不断制造出新的物种，并给每一个物种嵌入类似的基因，以此欺骗我们，让我们误认为是进化在起作用。神创论者当然可以提出这种观点，但一个重要的细节仍有待我们确定：上帝照着自己的形象造人，那么“人”是哪个物种呢？是智人，是其他人种，还是综合多个人种产生的人？如果尼安德特人生存了下来，那么现代宗教的模样很可能会大不一样。

尽管有“杀鸡用牛刀”之嫌，但我仍想在本节末尾列出一些特别明确的证据，后者都支持进化论，特别是以自然选择为基础的达尔文进化论。怀疑论者会说：“化石啊，DNA 啊，我不信这一套。不能亲眼看到的东西，我都不信。”实际上，我们可以看到进化的发生，而且可以在一段相对较短的时间内[①]看到整个过程。1995 年，一个研究团队将古巴的沙氏变色蜥（Anolis Sagrei）引入佛罗里达州，那里原本栖息着绿安乐蜥（Anolis carolinensis）。随着时间的推移，沙氏变色蜥将低矮的树干作为自己的栖息地，而绿安乐蜥则将自己的栖息地慢慢移向树的更高处。之后，为了适应高处光滑而摇晃的树枝，绿安乐蜥进化出了更大的足垫，上面甚至覆盖着更具黏性的鳞片。它们完成这个进化只需短短 20 代，即 15 年的时间。

证据确凿：智人和其他物种一样，只是进化的产物。那么，智人为什么能战胜其他古人类，并主宰其他物种呢？目前，我们只能猜测一二，但之后我们会了解到，其最可信的解释可能是：语言和合作的齐头并进让智人制定了高效的计划，造出了杀伤力极大的武器。

网站链接：

https://en.wikipedia.org/wiki/Felis

https://en.wikipedia.org/wiki/Canis

https://en.wikipedia.org/wiki/Ursus

https://en.wikipedia.org/wiki/Phascolarctos

https://en.wikipedia.org/wiki/African_elephant

①另一个例子就是细菌的抗药性，这是对人类生存的一大威胁。——作者注

24 蚂蚁一定有办法

虽然只有人类才能进行真正意义上的合作，但一些不起眼的昆虫也能进行无需思考的“准合作”，以完成非常复杂的任务，例如找到前往目的地的最短路线。

你应该怎么和昆虫比试呢？现在，想象自己是住在 A. 阿什顿－马克菲尔（Ashton-in-Makerfield）的推销人员。你需要分别前往 B. 博尔顿（Bolton）、C. 乔尔顿－科姆－哈迪（Chorlton-cum-Hardy）、D. 邓纳姆马西城（Dunham Massey）和 E. 沃灵顿东部（East Warrington）推销，然后再回到 A. 阿什顿－马克菲尔。下图标明了从一个地方到另一个地方所需的分钟数。为方便起见，我们假定交通时间是固定的，且不受交通状况的影响。我们该如何选择路线，使花费的时间最短呢？注意：同个地方不能去两次，即使这样能省时间。

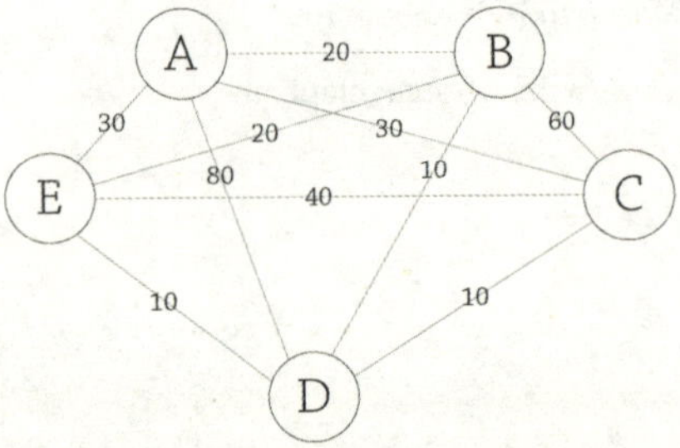

答案

若选择了最佳路线，你只需 90 分钟便能走完全程。你选择了怎样的路线，耗时接近 90 分钟吗？如果选不出比较好的路线，你可以采用以下策略——虽不是最优方案，但至少对于这种小问题十分有效——近邻法：迈步出发，选择离你最近的地方（除了去过的地方外）。按照这种方法，你可以得到两条路线，ABDCEA 或 ABDECA（从 D 到 C 或 E 耗时相同），结果都是 110 分钟（20+10+10+40+30）。你已经找到了一条非常不错的路线，现在，看看能否通过反复试验来抹去这多出来的 20 分钟吧。

找到了吗？给你最后的提示：以后一条路线（ABDECA）为基础，调换其中的两个站，便可得到最佳路线。

没错！调换 D 和 E，得到 ABEDCA。

数学家研究“旅行推销员问题”（Travelling Salesman Problem，简称 TSP）[①]已逾 50 年，但除了“逐一对比”这种粗暴的方法，仍没有找出高效的方法来寻得最佳路线。然而，“逐一对比”仍存在着极大的缺陷：只要涉及的城市增多，它就会变得不切实际（15 个城市就有

①数学领域的著名问题之一，假设有一个旅行推销员要拜访 n 个城市，他必须选择要走的路径。路径的限制是每个城市只能拜访一次，而且最后要回到原来出发的城市。路径的选择目标是要求得出的路径路程为所有路径之中的最小值。——译者注

870亿种组合）。大多数专家认为，利用数学方式来找最佳路线并非总是可行。

在寻找最优解的过程中，动物王国为科学家们提供了不少灵感。有一种方法便是基于遗传学而来。首先，科学家会得到一组随机产生的路线。这些路线大都不怎么好。随后，较短的路线会随机“突变”，比如清除路线的某两段路线，代之以新的路线。经过约100次迭代后，一条非常有效的路线就会产出。即便城市的数目较多，比如为25个城市，这种方法也行之有效。

另一种方法则基于蚂蚁的觅食行为而来。蚂蚁的群体智慧令人惊奇：一只蚂蚁就像一个脑细胞，只能完成一些非常简单的任务，而一群蚂蚁却能表现出极为复杂的智慧。我们可以认为，这种智慧只存在于蚁群，而非蚂蚁个体。蚂蚁个体并不知道何时该修建蚁穴，何时该收集食物，这些知识只存在于集体。许多研究人员在解释蚂蚁的捕食和进食时都会提到“共享的胃”。

蚂蚁在蚁穴寻找食物的过程，也许最能体现出这种群体智慧：个体无法找出最短的路线，但蚁群能轻松做到。一开始，蚂蚁会从巢穴出发，随机搜索周边领域，沿途留下化学信号。一段时间后，一旦某只蚂蚁找到食物，便会带上其中一些，按原路返回并再次留下信号。随后，如果另一只蚂蚁遇到了这条留下了双重信号的路线，它便会照着该路线寻找食物，带上一些返回巢穴，并沿途留下信号。这样一来，路线上的信号会再次增强。蚂蚁个体只知道随机选择路线，而蚁群却知道应该如何找到最佳路线。

意大利的人工智能研究员马尔科·多里戈（Marco Dorigo）在看到蚂蚁的觅食行为后，突然想到：利用电脑软件模拟蚁群或许能帮助我们更好地解决“旅行推销员问题”。在模拟软件中，虚拟蚁群会随机从一个城市，前往另一个还没有去过的城市。如果所有城市都过去了，它们就会回到始发城市。同样，它们也会留下虚拟的化学信号。这个实验巧妙的地方在于：与现实中的蚂蚁不同，虚拟蚂蚁会分泌出定量的“化学信息”，使之均匀地分布到整条“路线”中。这意味着，比起长路线，虚拟蚂蚁会给短路线留下更浓的“化学信号”。接下来，虚拟蚂蚁会重新出发，在遇到信号较强的路线时，迅速走向该路线。按照这种方法，经过数百次的循环后，虚拟蚂蚁就能找出一条比较理想的路线，虽然这条路线并非总是最优解，但也已经很接近数学家所期待的最好结果了。

看到这里，我心中浮现了一个词，那就是 Brilliant[①]，或者是法国人说的 Formi-dable[②]。

网站链接：

http://www.wired.com/2013/01/traveling-salesman-problem/

①指“聪颖”，结尾的ant指“蚂蚁”。——译者注

②指“令人敬畏”，开头的formi是formic的前5个字母，意为“跟蚂蚁相关的”。——译者注

25 汉诺塔：时间与空间的较量

解决“旅行推销员问题”靠的不是活生生的蚂蚁，而是在蚂蚁的启发下设计的计算机程序。看到这里，你是否有些焦虑不“蚁”了？别担心，看到下文后，你的情绪会有所缓解。是时候提高筹“蚂”了。接下来，跟你一争高下的将是活生生的蚂蚁——阿根廷蚁。

我们会考察你和蚂蚁之间谁更善于解决著名的汉诺塔问题①（the Tower of Hanoi）。现在，你需要将由三个圆片构成的汉诺塔从最左边移动到最右边。

游戏的三个规则如下：

第一，一次只能移动一个圆片；第二，只能把小圆片放在大圆片的上面，而不能把大圆片放在小圆片的上面；第三，以最少的移动次数完成游戏。

①益智玩具，号称世界十大最难游戏之一。——译者注

想在脑海中解决这个问题十分困难，你可以将下面的圆片剪出来，或者从 www.areyousmarterthanachimpanzee.com 下载模板打印出来。

准备好了吗？

提示：最少的移动次数是 7。

该问题源于印度一个古老的传说——梵天塔（Tower of Brahma）。传说中使用的是金盘，后者的数量为 64。

听起来好像没那么难，对吧？实际情况却并非如此。假设移动一次需要一秒钟，那么至少也要用上 6 000 亿年的时间。祝你好运！

答案

最优解如下：

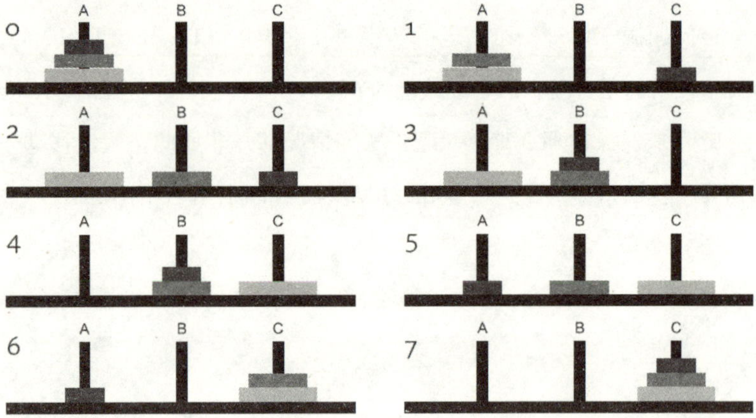

一旦掌握了技巧，游戏就没那么难了。这里有一种通用的方法，无论涉及多少个圆片都适用：

- 圆片数为单数，按以下三个步骤依次移动（有时向左，有时向右）：

(1) 从 A 桩到 C 桩，或 C 桩到 A 桩；

(2) 从A桩到B桩，或B桩到A桩；

重复以上步骤，直到完成任务。

- 圆片数为偶数，按以下三个步骤依次移动（有时向左，有时向右）：

(1) 从A桩到B桩，或B桩到A桩；

(2) 从A桩到C桩，或C桩到A桩；

(3) 从B桩到C桩，或C桩到B桩。

重复以上步骤，直到完成任务。

你一定很想知道，应该怎样将游戏规则解释给蚁群听，甚至会怀疑那些蚂蚁是否抬得起圆片。答案是：你无法解释。若想让蚁群解决汉诺塔问题，你需将之转化成它们能理解的东西——寻找食物。因此，我们要将游戏变成迷宫，这听起来很复杂，但做起来十分容易。你只需设计一个迷宫，并将蚂蚁在遇到交叉路口时选择的路线与游戏中的移动步骤相对应。

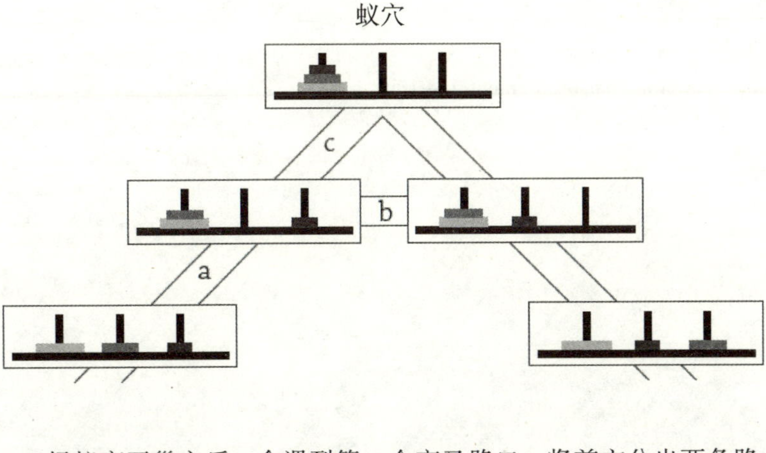

蚂蚁离开巢穴后，会遇到第一个交叉路口，将前方分出两条路，

对应第一次移动时的两种可能。第二个交叉路口分出三条路，对应第二次移动时的三种可能。例如，蚂蚁遇到第一个交叉路口后选择了左边的路线，即将深灰色圆片移到 C 桩；第二路口分出的三条路就分别对应：(a) 浅灰色圆片移到 B 桩，(b) 深灰色圆片移到 B 桩，(c) 深灰色圆片移回 A 桩，相当于蚂蚁走回了巢穴，这很愚蠢，但符合要求。这样一来，我们便将汉诺塔问题转化成了由两个等腰三角形组成的精简迷宫。更多内容请浏览本节末尾处的网站。

不到一个小时，超过 90% 的蚂蚁都找到了最短的路线。上一节我们便见识了蚁群的觅食能力，因此看到这个结果，我们也许不会感到很意外。值得一提的是，在科学家堵住部分通道后，蚁群仍能在剩下的路线中找到最好的那一条。过去，人们普遍认为蚁群无法适应骤变的环境，然而上述结果冲击了这种观念。

当然，单只蚂蚁无法解决汉诺塔问题。找到解决方法的不是蚂蚁个体的大脑，而是蚁群的大脑。此外，除了蚂蚁表现出群体智慧外，人类也……

网站链接：

http://jeb.biologists.org/content/214/1/50

罐子里的大理石 26

让我们先看看你独自处理任务的表现。请预估罐子里装着多少颗石头？

毫无头绪，对吧？其他读者也是如此。但如果大家一起来猜，我相信一定能找出答案。每个人用心猜一个，然后取平均值，最终将会得到与正确答案非常接近的数字。不要只听我说，请登录 http://

unanimous.ai/rocks，输入自己猜的数字。随后，网站会显示目前的平均值及其与正确数值的偏差值。平均值通常只会偏离正确值 1% 到 2%。研究人员一般会使用装有大理石的罐子来做这项实验，这便是本节标题的由来。

为什么会这样呢？你们都懂得数数，都具备基本的数学知识，因而每个人猜的数字都会落在一个限定的区间内。综合大家的结果后，比正确值大 50 的数字就会被那些比正确值小 50 的数字抵消掉，而比正确值大 100 的数字也会被比正确值小 100 的数字抵消掉……

第一个揭示这种现象的人是法兰西斯·高尔顿[①]（参考“大脑袋也有春天”一节）。1907 年，高尔顿邀请 800 名游客到家畜展览会，让他们估算某头牛的重量。最终，高尔顿发现，他们预估值的中位数与正确值只差了 0.8%。谷歌、微软和惠普等公司一直试图使用这种群体智慧以预测各种事件，如选举、股价或比赛结果。市场预测人员也常采取这种方法，他们通过邀请众人为某些结果下注，进而预测市场走向。通常情况下，研究人员会给参与者一笔小额预算，然后将真正的参与费以奖金的名义发放给他们，以激励他们尽可能做出更正确的估测。

动物的表现如何呢？我们已在前文中见识到蚁群能借助群体智慧指引方向，现在，我们将发现，它们（或蜂群）在筑巢时也能展示出群体智慧。不过，并不是每一名成员都有巢穴选址的投票权。一开始，一小群侦察蚁会从巢穴出发，分头搜索附近的备选点。如果侦察蚁看中了某个备选点，就会在周围停留。而当逗留的侦察蚁达到一定的数量后，投票活动就会结束。随后，侦察蚁会回到大群体，引导其他蚂蚁前往目的地。蜜蜂则会借助著名的摇摆舞来完成类似的工作。这不

①高尔顿在报告中使用的是中位数——将数据按大小顺序排列，形成一个数列，中位数即居于数列中间位置的那个数据。我们也可以使用平均数（所有数字的和除以 800），得出的数字（1 197 磅）也非常接近真实值（1 198 磅）。——作者注

是机械的群体行为，而是群体智慧的表现。蚁群总能在可选范围内找到最优的地点。

鱼类也需要找到一个能为自己提供生存必需品，如食物、氧气和阳光的栖息地。鱼儿只要汇聚成鱼群，便能做出更有效的决策。当一条鱼独自游荡时，我们便称它是在随机游走（Random Walk）[①]。一条鱼漫无目的地瞎逛，当环境变坏时就赶紧调转方向，待环境变好后又放慢速度。它游动的范围十分有限，所以这种策略并没有什么效果。较好的寻址办法是汇聚成鱼群：鱼儿聚拢起来，在保持一定距离的情况下（靠得太近会减少覆盖范围）往同一方向游动。这样，只要有一小群鱼儿找到理想的水域，其他伙伴就能马上加入。

群体智慧再次向我们展示：只需使用自然选择提供的简单策略，即理查德·道金斯（Richard Dawkins）所谓的“盲眼钟表匠”（Blind Watchmaker）[②]，动物便能巧妙地解决问题。这并不是得益于某位设计者的相助，也不是得益于一条鱼的智慧或自然本身，只需基因的随机突变，自然选择便会选出喜欢彼此靠近同伴的鱼儿。如果鱼儿汇集成群，就能做出更好的决策，它们活下去的机会也就更大。这意味着，带着有利突变的鱼儿会活得更久，也更有机会传宗接代。这是一个不断循环的过程。总而言之，和鱼群的随机游走一样，进化的随机游走也带来了一个任何个体都构想不出的绝妙策略。

①是一种数学统计模型，它由一连串轨迹组成，其中每一次都是随机的。它能用来表示不规则的变动形式，如同一个人酒后乱步所形成的随机过程记录。——译者注
②钟表匠是借用18世纪神学家培里（William Paley）一本著名的专论《自然神学》（*Natural Theology*）而来。理查德·道金斯指出生物适应是不可回避的问题。——译者注

27 数数鸡

在上一节中，我们研究了你在不直接数数的情况下，估算大数值的能力。这一节的任务与此相似，只是数目小了很多。

在下面每组（横向）图片中，其中一张含有更多的点。你要做的很简单，就是在不数数的情况下，用最短时间猜出哪一张图片的黑点更多。

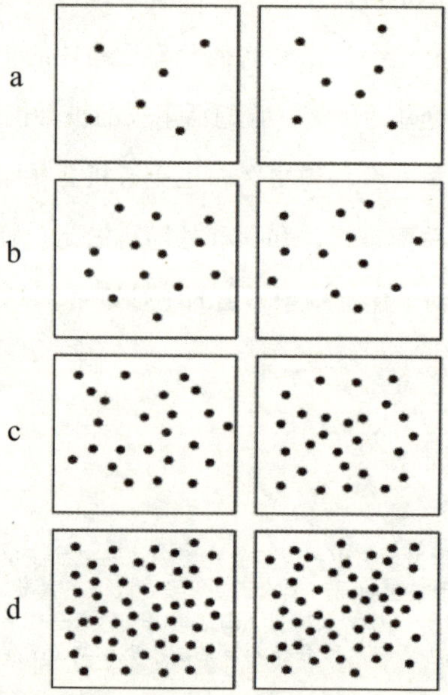

答案

答案：(a) 6vs7 (b) 13vs12 (c) 24vs26 (d) 52vs51

从上往下，点的数量依次增多，每两张图片之间的差别逐渐减小，难度也相应增大。

这里测试的是“类比数量系统”（Analogue Magnitude System）[1]。专家普遍认为，动物（包括人类）掌握了两套数字处理系统，后者分别应用于不同的数目。当采用“客体档案系统”（Object-file System）[2]时，你会逐一记住每个物体，其信息翔实，颜色、大小、形状及运动均包含在内。但是，你每次最多只能跟踪四个物体。这套系统既精准又运算迅速。当照看在花园里玩耍的三个孩子时，你若想知道他们是否都在花园里，根本不用一个一个地数，相反，在望向窗口的那一刻，客体档案系统就已完成运算。相较之下，类比数量系统根本不会计算，只善于估值。

一旦需要跟踪的物体超过四个，我们就会调用类比数量系统，就像测试中所做的那样。我们别无选择，因为客体档案系统一次最多只

①基于倍比法则来表征两个数量相对大小的系统。——译者注
②注意力就像胶水一样，把许多特征黏合从而形成暂时的客体表征。——译者注

能跟踪四个物体。比较有争议的是：在物体不足四个的情况下，我们一定会调用客体档案系统吗？如果条件允许，我们是否也会调用简略的类比数量系统呢？

为了找出答案，意大利的科学团队决定测试出生不久的小鸡。首先，研究人员会训练小鸡，使它们意识到食物藏在某些图片的下面，比如，有三个点的图片而不是有两个点的图片。随后，通过调整点的数量，研究人员进行了多项对比。结果令人吃惊：小鸡通过了 2 与 3、2 与 8、6 与 9、8 与 14、4 与 6 和 4 与 8 的测试。

“小鸡数数”的新闻充斥了头条，但媒体完全将重点弄反了：小鸡根本不用数数，或者说，它们数不了较大的数目。实际上，小鸡是利用类比数量系统了解点的数量，进而挑中那些藏着食物的图片的。

小鸡会数数吗？换言之，当点数小于或等于四时，小鸡是调用精准的客体档案系统，还是从头到尾都会使用类比数量系统？实验结果似乎更支持后一种说法，而其中最为关键的就是 2 与 8 的测试。在这项测试中，我们能确定的是，小鸡一定使用了类比数量系统来处理有 8 个点的图片，毕竟客体档案系统最多只能跟踪 4 个点。此外，如果在测试时，小鸡采用了不同的系统，那么它们将难以抉择。鉴于它们都轻松通过了 2 与 8 的测试，我们或许可以认为，它们使用的一直都是类比数量系统 。

该研究团队认为，虽然其他动物在某种程度上也能认识“数字……但抽象的数理逻辑仍为人类所独有”。这种说法正确吗？还是说有些动物的确能够计算，甚至推理？我们会在“数学天才亚历克斯”和“智商爆表的乌鸦”这两节中找到答案。现在，让我们为这些表现突出的小鸡欢呼三声吧，用客体档案系统数一数：小鸡，小鸡……万万岁！

迷惑人的圆圈 28

事实上，上一节提到的小鸡非常聪明。面对下面的测试，小鸡的表现与人类一样，而其他鸟类，如鸽子，甚至是灵长类，如狒狒则不同了。那么，小鸡的测试结果如何呢？在揭晓答案之前，我们先看看人类，也就是你的表现如何。

问题：左右两边的灰色圆圈，哪个更大？

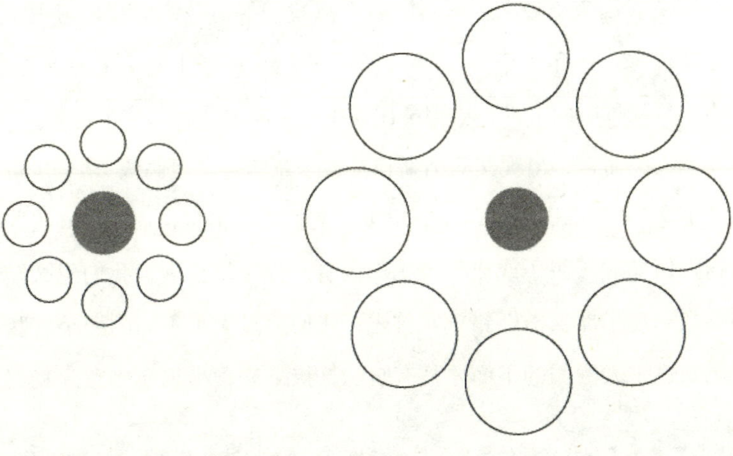

答案

你会怀疑这是圈套，并且回答说这两个圆圈一样大。它们确实一样大。然而你还是不能相信自己，对吧？100 年前，赫尔曼·艾宾浩斯（Hermann Ebbinghaus，1850—1909）便发现了这个现象，即“艾宾浩斯错觉”（Ebbinghaus Illusion）。百年来，人们对艾宾浩斯错觉的缘由所知不多。我们只能给出直观的解释，你很可能已经知道我要说什么：周围的圆圈较大，灰色圆圈看起来就较小；周围的圆圈较小，灰色圆圈看起来就较大。不过，有一点我们很清楚，即我们习得了艾宾浩斯错觉。比起成年人，7 岁的孩子在这个问题上犯错的概率更小。没错，从某种层面上讲，小孩子比成年人更能看清我们这个世界。①

就人类而言，出现艾宾浩斯错觉似乎意味着“更高级”，至少可以说“更老”。但奇怪的是，小鸡出现了艾宾浩斯错觉，而“更高级”的动物，例如成年鸽子或成年狒狒却没有。你也许会问，我们怎么知道小鸡也出现了艾宾浩斯错觉？首先，我们通过大小不同的两个圆圈让小鸡知道，大圆圈的下面才藏有食物。接下来，小鸡会接触到我们在

①我们还发现了一种有趣的现象：原始民族辛巴族的语言系统中缺乏与“图形”相关的词汇，而这个民族的人受艾宾浩斯错觉的影响也更小。不过，这很可能是因为他们更重视局部细节，而不是因为他们的语言系统中缺乏与“图形”相关的词汇。——作者注

前面看到的图片。结果发现，小鸡偏爱那个看起来“比较大”的圆圈。跟人类不一样，小鸡并不是“习得”了艾宾浩斯错觉。要知道，接受测试时它们才出生四天!

研究人员提醒说，我们应该谨慎看待小鸡和鸽子的差异。因为鸽子需要啄中按钮来获得食物，而不是直接寻找隐藏的食物，它面对的任务更难。然而，当排除这种影响因素后，差异依然存在。现在，我们能得出一个有趣的结论：人类和家鸡都进化出了会引发艾宾浩斯错觉的大脑机制，而与人接近的狒狒和与鸡接近的鸽子则不然。

实际上，鸡的视力在很多方面都非常突出。这听起来虽然很奇怪，却是事实。在“眼尖的读者”一节中，我们会看到这一点。

29 鸽子的错觉

现在，我们继续研究“鸟儿与错觉”。这次的主题不是视觉错觉，而是“迷信”这种心理错觉。“迷信”指的是人们有时会无视自然规则，认为自己可以受益于一些特定的行为，比如，触碰木头或说出一句神奇的话。用这样直白的表达来描述“迷信”，你一定会觉得它十分荒谬。然而，有些头脑清醒的人仍会讲究风水，不敢手指神像或月亮。你同意美国黑人歌手史提夫·汪达（Stevie Wonder）唱的那句“迷信并非解决之道”（Superstition ain't the way）吗？又或者，你其实非常迷信，就像……

鸽子？没错！这群长着羽毛的朋友可是数一数二的迷信者。你呢？现在，填一填下面这份简短的问卷吧。

	同意程度（1 最小，5 最大）				
不敢用手指神像，觉得会带来坏运气？	1	2	3	4	5
讲究风水忌讳，觉得会带来坏运气？	1	2	3	4	5
觉得 4 是不祥的数字？	1	2	3	4	5
说过“大吉大利”或者往许愿池扔过硬币。	1	2	3	4	5

续表

	同意程度（1 最小，5 最大）				
说过“XX 保佑”或者双手合十认真祈祷？	1	2	3	4	5
有时会戴着幸运符，或类似的东西？	1	2	3	4	5

加总一下分数，看看自己的迷信程度。近 5 000 人通过网络做了这份问卷，结果发现男性的平均得分为 13（总分为 30），女性的平均得分为 18。平均而言，女性比男性更加迷信，这种区别主要体现在最后三道问题上。这三道题涉及“做什么”，而不是“不要做什么”。如果得分高于平均值，那么你就比同性别的人更加迷信，反之亦然。研究人员还发现，得分高的人，神经质的水平也更高（参考“谁的性格最稳定？”一节）。神经质较高的人在前三道问题上的得分非常高，也就是说，比起“做什么，以获得好运”，他们更关心“不做什么，以免招致厄运”。

令我意外的是，人们在这项测试中的平均值相当高。人人都知道迷信是没用的，但大家的平均得分仍接近中间值。这意味着，我们要么以中等频率做着问题中的所有事情，要么经常做一部分事情，而从来不做另一部分事情。我们为什么要做这些事呢？难道我们真的认为这样会有什么效果？

假如你真的这么认为，那你或许还没有鸽子聪明。1948 年，心理学家伯尔赫斯·弗雷德里克·斯金纳（Burrhus Frederic Skinner，简称 B.F. 斯金纳）[①]通过《鸽子的迷信行为》（*Superstition in the Pigeon*）阐

①《辛普森一家》（*The Simpsons*）里的斯金纳校长便取名于 B.F. 斯金纳，大概是因为在教育这个问题上，二人观点类似。其中一集，斯金纳校长提到了 B.F. 斯金纳，“优秀的科学家就应该一半是 B.F. 斯金纳，一半是 B.T. 巴纳姆（B.T.Barnum，马戏演出者兼马戏团的老板）。”——作者注

述了这项发现。斯金纳在鸟笼的外围安装了一个装有食物的可移动漏斗。每隔 15 秒，漏斗就会移向笼子，给鸽子 5 秒钟的进食时间，然后移开。虽然漏斗每过 15 秒就会出现一次，但鸽子还是养成了一些复杂的行为习惯，认为只要做出某些动作，漏斗就会自动回来：有原地转圈的，有不断点头的，有不停把头抬向笼子一角的，有不断磨蹭地板的，还有两只像钟摆一样摇摆。在接受测试的 8 只鸽子中，只有 2 只没有这类迷信的举动。

鸽子为何会有这类迷信的行为呢？我们发现，那 6 只做出奇怪举动的鸽子在食物靠近时，曾碰巧做出某些行为。它们将这些举动与漏斗的移动联系起来，认为只要转圈、点头或磨蹭地板，食物就会出现。它们重复做着这样的举动，接着，食物又出现了。如此一来，它们心中的疑虑便烟消云散。当然，鸽子也可能突然停下动作，看看食物是否会如约而至。但它们为什么要冒这个险呢？这同样可以用来解释人类为什么要双手合十：他们当然知道这无关紧要，也不会真的损失什么，但是为什么要冒这个险呢？

鸽子有错觉？ 30

让我们继续研究鸽子的错觉。接下来我们要探讨历史上最著名的错觉——缪勒－莱尔错觉（Müller-Lyer Illusion）。下方的两条直线一样长，如果不信，你可以量一量。但第二条看起来更长，对吧？

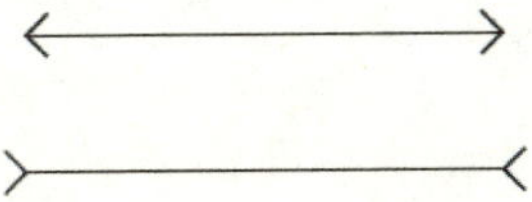

缪勒－莱尔错觉发现于100多年前，但截至目前，我们仍不清楚其原因是什么。教科书解释说，第二条线让我们联想到生活情景，例如远处的墙与地板的相交处。请看下图，想象自己正从窗口往屋里望。

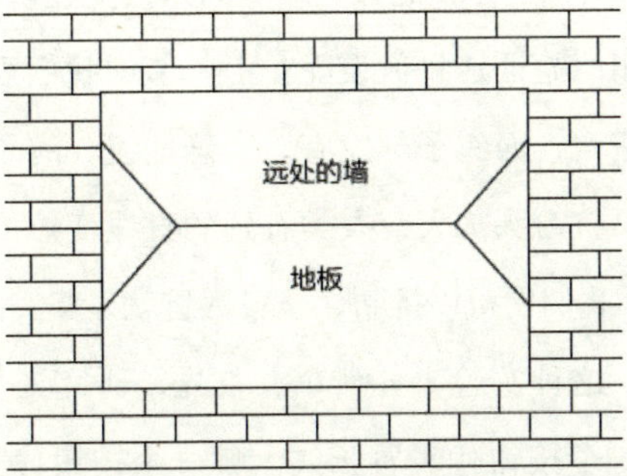

我们知道，远处物体的实际长度会比看起来的要更长，因此我们会在心理层面增加第二条直线的长度。有关发现支持了该理论：原始部落的人从未见过人造建筑，无法将第二条线与现实生活联系起来，因而不容易出现缪勒－莱尔错觉。

这一发现似乎证明了上述理论，但它并没有考虑到所有的情况。请看以下情景：如果把箭头增大，三条等长的直线在我们眼中会是怎样的呢？

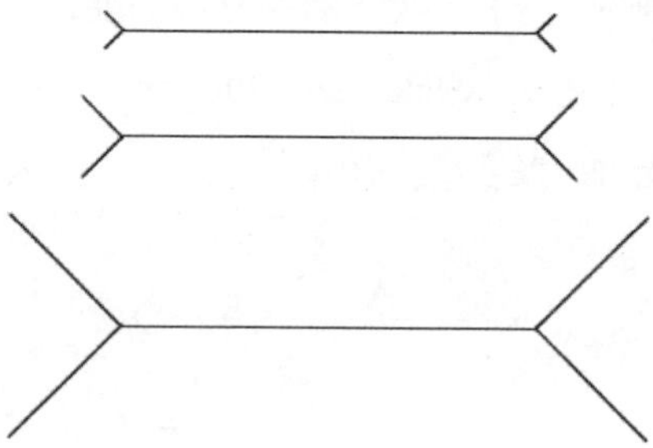

箭头越大，直线看起来越短？三条直线与箭头的角度是一致的，因而按上述理论，我们在心理上应该会觉得“墙”离我们一样远，且三条线的长度相同。然而，真实情况并非如此。我们的表现更类似于艾宾浩斯错觉：周围的东西越大，中间的东西便显得越小。

那我们该如何验证这种假设呢？上一节中我们可以看到，人类陷入了艾宾浩斯错觉，而鸽子却没有。准确地说，鸽子很可能没有陷入这种错觉。如果将箭头加大，人类看到的直线变短，而鸽子看到的直线没有变化，那我们便可以推断，罪魁祸首就是艾宾浩斯错觉。

不难想象，这种实验十分费事。首先，研究人员必须训练鸽子，让它们知道哪一个按钮代表着长线，哪一个按钮代表着短线。然后，他们还得训练鸽子无视箭头，比如把箭头放在线的上方和下方，指向不同的方向。最后才是测试环节：将不同大小的箭头与同等长度的直线组合起来，观测鸽子选择“长线”的频率。所幸，京都大学（Kyoto University）几位富有探索精神的研究人员利用三只信鸽凯（Kay）、因迪（Indy）和汉斯（Hans）进行了这项麻烦的实验。

那么，结果如何？对于人类而言，箭头增大，眼中的直线会变短；而对于鸽子来说，当箭头增大时，它们会偏向于选择代表“长线”的按钮。我们不清楚原因何在，也许鸽子认为大箭头会让整个图形变得更大。我们不能要求鸽子像人类一样，只说出直线的长短。

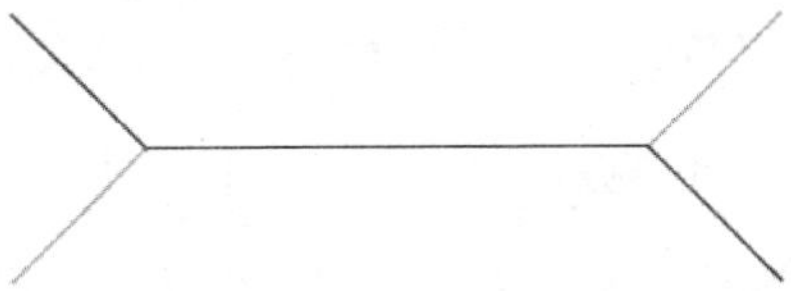

鸽子并没有表现出长短错觉，这表明人类的长短错觉确实跟“艾宾浩斯错觉”有关。那么，为什么人类会出现艾宾浩斯错觉，而鸽子不会呢？研究人员认为，这可能是因为鸽子食用的谷物大小一致，没有必要对比不同食物的大小。但是，为什么同样吃谷物的小鸡，却也出现了艾宾浩斯错觉呢？

我们还需要更多的研究，科学家常说：“我们仍无法弄清缘由。”假如鸟儿能把看到的东西直接告诉我们，事情是不是会变得更简单呢？

31 数学天才亚历克斯

从理论上讲，鹦鹉可以做到这一点。除了人类，这种鸟儿可算是语言领域的翘楚，出了名的能说会道。此外，它们还有着一种令人吃惊的能力——计算。不信？往下读吧……

非洲灰鹦鹉“亚历克斯”口才出众，闻名于语言界。在亚历克斯的主人艾琳·派佩伯格（Irene Pepperberg）决定开发亚历克斯的数学能力前，它就已经认识1～6之间的数字，且能算出6以下的物体的总数。更神奇的是，在蓝色方块、蓝色小球、绿色方块和绿色小球混在一起的情况下，亚历克斯仍能答出“有多少蓝色方块？”等问题。

亚历克斯的计算能力确实惊人，但是，做加法运算可没那么简单。亚历克斯能否通过测试呢？首先，研究人员依次打开两个装有坚果的杯子，并向亚历克斯展示杯子里的坚果数量。之后，研究人员问道：“总共有多少颗坚果？”值得一提的是，在亚历克斯回答问题时，杯子早已被遮盖住了。这样一来，亚历克斯就无法直接数出坚果的总数，而必须记住两堆坚果的数量，再把两者相加。①

亚历克斯以优异的成绩通过了测试，即便面对比较难的加法问题

①亚历克斯也许只是记住了两次出现的坚果的数量，然后挨个数。或者数完第一个杯子的坚果，接着数第二个杯子的坚果。即使如此，这两种方式也都是“加法”。把两个数加总起来，这就是“加法”。所以我们没必要吹毛求疵。——作者注

(总数为 5 或 6)，它的正确率也高达 81%。这可比靠运气瞎猜强多了。亚历克斯并没有依赖死记硬背。它的表现一贯良好，如果我们统计它第一次算加法时的成绩，会发现正确率高达 84%。

有趣的是，亚历克斯还能计算含有 0 的组合，例如一个杯子装着 5 颗坚果，另一个杯子没有坚果。这是否意味着亚历克斯认识“0”这个概念呢？如果真是如此，那可是一大新闻，因为这表明，亚历克斯不仅认识自然数，还认识整数。在“0 是否为自然数”这个问题上，数学家意见不一。我们可能会想当然地认为一个人可以拥有 0 颗坚果，但这个概念其实是矛盾的：“没有东西”（Nothing）怎么能和“拥有东西”（Something）对等呢？你两手空空，也就是“0”，怎么可以对应上“坚果”呢？为什么要说“0 颗坚果”，而不说“0 只鸡”呢？但是，有一点我们是明确的：0 是相对较新的发明，首次出现于公元前 3 年，而许多十分高效的计数系统，如罗马数字并不包含 0。如果亚历克斯真的认识“0”这个概念，那我们可以说，就数学而言，亚历克斯战胜了几乎所有在耶稣之前出生的人。

那么亚历克斯认识“0”吗？一些初步的研究肯定了这种说法。在研究中，亚历克斯会看到 1 个红色方块、2 个蓝色方块、3 个绿色方块，然后回答：“什么颜色，2？”——即“哪种颜色的方块的数量是 2？”等问题。亚历克斯不仅能答这些问题，有时还能答出“没有”。例如，在被问到“什么颜色，4？”时。不过，当派佩伯格给亚历克斯看两个空的杯子，然后问：“多少坚果？”时，它突然变得不知所措起来。

真的是这样吗？在总和为 0 的测验中，亚历克斯有一半的次数答出了……“没有”。

无论亚历克斯是否认识“0”，我们都可以说，它的数学能力超出了鹦鹉的正常水平。不过，鹦鹉是否能够再进一步，表现出……

32 鹦鹉的看家本领

受到亚历克斯的启发，纽约人埃梅·莫甘娜（Aimée Morgana）开始教自己的鹦鹉尼基西（N'kisi）说话。之后，尼基西就像拥有了特异功能一般，说出的话常令莫甘娜大为震惊。

有一次，莫甘娜拿起听筒，准备打电话给朋友罗伯（Rob）。当她在电话簿里找号码时，尼基西突然说："你好，罗伯。"还有一次，莫甘娜在楼下寻找一张画着紫色车的图片，这时，尼基西在楼上说道："看，那漂亮的紫色！"最离奇的是，尼基西（通常睡在它自己的床上）曾叫醒了莫甘娜好几次，讲出莫甘娜在梦里看到的东西。例如，尼基西会说："看到没，这是个瓶子。"而莫甘娜确实梦到自己拿着一个棕色的药瓶。

于是，莫甘娜找来了鲁珀特·谢尔德雷克（Rupert Sheldrake）。鲁珀特·谢尔德雷克是研究超常现象的生物学家，他要研究尼基西在测试条件下是否可以继续发挥这种超常能力。我们也参与一下吧，看看你们是否拥有超能力……

首先，你需要一个朋友来扮演莫甘娜的角色，即"信号发送者"。接下来，记住下面十张图片，然后把书交给你的朋友。最后，让你的朋友全神贯注地看着其中一张图片，把它"发送"给你。最好是看两分钟，赶时间的话，也可以缩短。你要做的就是猜出你的朋友“发送”了哪张图片给你。总共 10 轮。[①]

---

①顺便提一下，我参与过类似的测试。安排测试的是一位心理学本科生，地点就在我的母校（利物浦大学）。测试结束后，这位学生与我谈了一会儿，解释说，他想复制此前的一项研究。该研究发现，在这类测试中，受试者的表现通常比随机的结果要好。我说：“噢，你在隔壁的房间里看着图片，然后尝试将正确的答案传递给我？”“不是，”他一副难以置信的表情，“我做那个干吗啊？”——作者注。

答案

你有特异功能吗？10 轮测试猜中了 1 轮，那么请不要太高兴，这种事件随机发生的概率在 50% 左右，更准确地说，是 39%。猜中了 2 轮或 3 轮，表现不错，但也不突出，随机发生的概率分别为 19% 和 6%。猜中了 4 轮，这可就有趣了，这种事件随机发生的概率为 1%，远低于“显著性差异”所要求的 5%。具体解释，请登录文末的网站。

10 轮测试猜中 5 轮的随机概率为 0.1%，猜中 6 轮的随机概率为 0.01%，相较之下，猜中 6 轮以上的随机概率极小，我们需要换种方式才能解释得清：假如本书的读者随机进行猜测，那么想要找到一个猜中了 7 轮的读者，我就得卖出 1 143 本；想要找到一个猜中了 8 轮的读者，我就得卖出 27 435 本；想要找到一个猜中了 9 轮的读者，我就得卖出 1 111 111 本；而想要找到一个全部猜中的读者，我就得卖出 100 000 000 本。对，就是 1 亿本，这足以让本书成为有史以来最畅销的 10 本书之一。这份榜单上的书还有《双城记》(*A Tale of Two Cities*)、《指环王》(*The Lord of the Rings*)、《霍比特人》(*The Hobbit*) 和《哈利 · 波特与魔法石》(*Harry Potter and the Philosopher's Stone*)。

尼基西的表现如何呢？在 72 轮测试中，它说出了 117 个单词，猜中了 23 次。很显然，鹦鹉听不懂“一次只能说一个单词”这个规则。

这种事件随机发生的概率为 0.2%，也就是说，你必须在 10 轮测试中猜中 5 次或以上，才能赢过它。此外，鉴于 0.2% 远低于“显著性差异”所要求的 5%，我们得出了一个令人不安的结论：尼基西的行为确实属于超常现象。然而，可疑的是，在尼基西猜中的测试里，有很大一部分涉及它最喜欢的单词——花朵。但即使排除了这些可疑的测试结果，尼基西的表现仍具备显著性差异。

那么，尼基西真的拥有特异功能吗？与大多数科学家一样，直觉告诉我，这不可能，它只是运气好罢了。不过，正如谢尔德雷克所说，我们大多数人如果见到科学方法和统计分析证明了我们的先入之见，就会高兴不已；而一旦看到这种方法不能证明我们的偏见，我们就会四处抱怨，大呼不公。接下来，我们要更深入地了解动物的超能力，看看……

网站链接：

统计显著性：

https://benambridge.wordpress.com/companionsite/the-tea-test/

概率计算：

http://stattrek.com/online-calculator/binomial.aspx#faq

最畅销的畅销书：

http://en.wikipedia.org/wiki/List_of_best-selling_books

谢尔德雷克与怀疑者的对峙：

http://www.sheldrake.org/files/pdfs/Dogs_That_Know_Appx.pdf

33 一只超能狗

狗能知道你什么时候到家吗？

在一项关于动物超感官知觉的研究中，鲁珀特·谢尔德雷克便探究了这个问题。有些狗大概知道主人平时什么时候回家，或能认出汽车的引擎声。不过，就算没有这类线索，有些狗还是打心底里清楚主人是否要到家了。

一条来自拉姆斯博滕小镇的狗杰伊蒂（Jaytee），习惯在工作日的下午 4 点半左右，跑到窗前等候。这个时间，他的主人帕米拉·斯玛特（Pamela Smart）刚下班，正在回家的路上。你或许会觉得，这根本不算什么。但是，斯玛特的父母表示，当斯玛特被公司裁掉，离家和回家的时间变得不规律后，无论斯玛特何时启程回家，杰伊蒂总会在相近的时间跑到窗前守着。

和尼基西的主人埃梅一样，斯玛特决定让鲁珀特·谢尔德雷克给自己的狗做测试。谢尔德雷克大方邀请了曾是魔术师、且不相信宠物拥有超能力的心理学家理查德·怀斯曼（Richard Wiseman）参与进来。那么，杰伊蒂能通过测试吗？请自行判断：下图的数据来自怀斯曼进行的第一次试验。纵坐标是杰伊蒂每次待在窗前的时长，以秒为单位。横坐标是杰伊蒂来到窗前的时间点和可能的原因。当然，狗也会出于普通的原因走到窗前，望向窗口。这个表格能说明杰伊蒂可以感受到斯玛特将要回家吗？

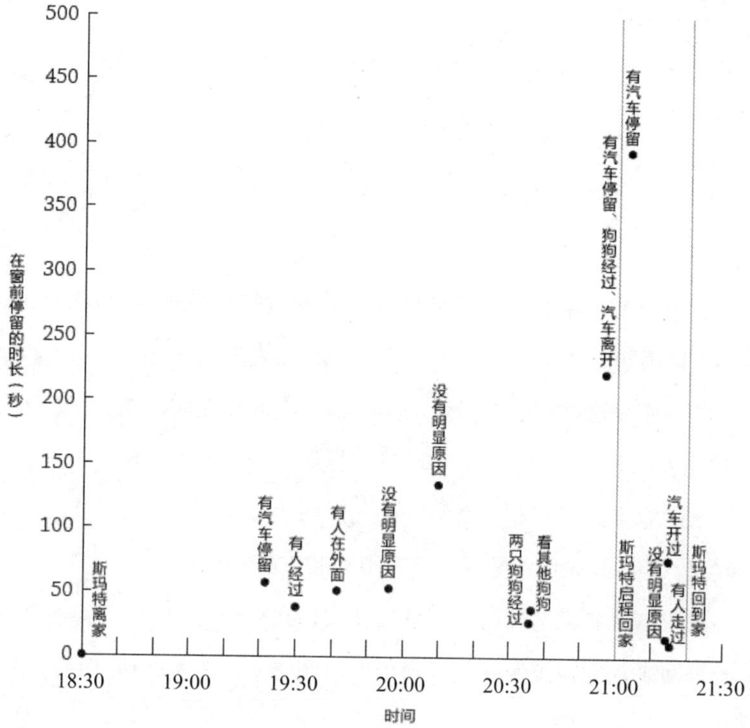

答案

杰伊蒂是狗中翘楚，还是寻常家犬[1]？观察的角度不一样，得到的结论也不同。

像怀斯曼这样的怀疑者认为，杰伊蒂在 8 点左右，先后两次来到窗前，这证明它“猜错”了斯玛特启程回家的时间。虽然在斯玛特启程回家的晚上 9 点左右，杰伊蒂也先后两次来到窗前，并待上了更长的时间，但这只是因为它想去看看刚刚停在窗外的车辆。

像谢尔德雷克这样的坚信者则指出，比起其他的时间段，在斯玛特开车回来期间，杰伊蒂待在窗前的时间更长。杰伊蒂待在窗前最久的那一次，离斯玛特启程回家不过 4 分钟，而窗外有人停车不过是个巧合。大多数时候，每当出现了车或人，杰伊蒂待在窗前的时间都不会超过 1 分钟，然而在下午 9 点零 4 分，杰伊蒂足足停留了 6 分半钟。

谢尔德雷克和怀斯曼的其他研究也出现了类似的争议。尽管两人的解释并不一样，但这些研究都存在着类似的模式。

宠物拥有超能力吗？你可以自行判断。我对此则持怀疑态度，原因如下：如果鹦鹉和狗真的拥有超能力，那它们为什么表现得如此不完美呢？为什么尼基西不能每次都猜中图片呢？如果它厉害到能猜中

① Ain't Nothing But a Hound Dog，猫王的歌曲 *Hound Dog* 里面的一句歌词。

图片，那应该也能弄懂游戏规则。同样，为什么杰伊蒂在斯玛特返程的整个过程中没有一直留在窗前，而是来来回回地跑呢？如果真的知道主人在路上，它理应会这样做。上一节的 10 轮测试中，如果你猜中了 4 轮或以上，你会高兴地认为科学已经证明你拥有超能力了吗？如果真的具有猜出朋友脑海里的图片的能力，那它为什么还会猜错那么多次呢？

网站链接：

怀斯曼的文章有一个非常生动的标题——《小狗在窗前待了多久？》（*How much is that doggy in the window ?*）：

http://www.richardwiseman.com/resources/Jaytee.pdf

34 成双成对

无论有无超能力，狗都是非常聪明的。不过，公狗和母狗哪一方更聪明呢？找出答案之前，我们需要你和一名异性共同完成一项任务。男女的表现有着显著性差异。我先且不透漏，待实验结束后，你自然会知晓。这项任务就是我们小时候经常玩的卡片配对游戏。你需要事先做点准备，不过想想，如果你最后赢了自己的朋友，这点辛苦就不算什么了，对吧？

首先，把下面的 20 个图案剪下来。然后，打散图案，将它们正面朝下，放到上面的空格中。

游戏规则如下：任意翻起两个图案。若它们是一对，就把它们移走；若不是一对，就正面朝下，放回原来的空格中。重复上述过程，直到移走所有的图案。

你和对手需要分别玩这个游戏，也就是说，图案随机打散，男女面对的布局不一样。翻开两个图案，如果不是一对，则计一次错误。游戏结束后，统计各自犯了多少次错误。如果你的手上有秒表，也可以记录一下完成游戏所需的时间。

谁获胜了？研究人员发现，男性平均犯了37次错误，女性平均只犯了25次错误；男性平均需要3分38秒才能完成游戏，女性只需3分27秒。为什么女性的表现优于男性呢？实际上，研究人员已经预测到这种结果。他们认为，女性拥有更强的语言能力，且在游戏过程中借助了这一优势，例如，女性会说："圆圈在左上角。"不过，这种解释似乎站不住脚。因为即使面对的是一些基本上说不出名字的图案，女性也依然保持了同样的优势。这可难住了研究人员。研究人员心里想着，好吧，然后写道："高雌激素水平"与"表现良好"之间可能存在着联系。前人的研究中曾有类似的发现，但他们没能直接验证这种想法，因为他们并没有测量选手的雌激素水平。

这项研究引起了夏洛特·迪朗东（Charlotte Duranton）的兴趣。法国的夏洛特·迪朗东是一名博士，非常喜欢狗。我从她的个人网站了解到，她养着一条拉布拉多、一条比利牛斯牧羊犬和一条法国斗牛犬。夏洛特想研究的是，面对类似于你刚完成的、需要动用记忆力的任务，母狗会表现得比公狗更好吗？实验很简单：用塑料盒装上美味的食物，如肉末和鸡肉，狗狗需要找到盒子上的塑料手柄，用嘴或前爪打开塑料盒，以享用美食。当然，并非所有的狗狗都学会了这样做。此外，这项实验之所以需动用记忆力，是因为每只狗狗都会重复测试三次，每次间隔30秒。

结果十分有趣。第一次测试，约65%的公狗打开了盒子，而母狗则只有约20%。第二次和第三次测试，公狗的成绩基本没有提高，而母狗的成绩迅速蹿升。第三次，所有的母狗都打开了盒子。在第一次测试中，公狗表现突出，这很可能是因为公狗更有勇气去探索未知的事物。公狗和母狗同样希望找到食物，但公狗不担心盒子里会出现不好的东西。而在接下来的测试中，母狗表现得比公狗好，这很可能是因为雌性似乎更擅长记住细节特征，容易发现打开盒子的关键所在——手柄。我们还不能完全知晓各种缘由。类似的现象同时出现在了狗和人的身上，这表明不同性别的表现差异更可能源于生物本能，而不是社会学习或语言能力。

我们还有另一种验证方法：男女进行多轮游戏，每轮游戏中，图片的位置都一样。如果女性真的因为善于记住局部细节而在这类测试中表现得更好，那么在多轮游戏后，女性的优势会更明显。你们不妨验证一下！

玩转日语 35

狗十分聪明，特别是母狗。不过，它们比得上大名鼎鼎的动物界天才——海豚吗？实话说，它们很可能比不上。狗展现出了惊人的单词学习能力，这一点我们已经领略过了。海豚则更上一层楼，能理解一些词序全然不同的句子，比如，从未学过的句子。你行吗？学一学下面的句子吧。

日语及其翻译：

Wani-ga kirin-o ketta	短吻鳄踢了长颈鹿
Zo-ga rakuda-o nameta	大象舔了骆驼
Kirin-ga kaeru-o butta	长颈鹿打了青蛙

看一看，这一句是什么意思？

Kaeru-ga Zo-o ketta

答案

需要提示吗？你可以研究一下上面的三个句子，找出唯一出现过两次的动物。

找到了吗？就是“长颈鹿”。对比那两个有联系的日语句子，就能找到与“长颈鹿”对应的日语单词，这就是解谜的关键。

你还在纠结？知道了“长颈鹿”对应的日语单词是 kirin，你就会发现，发出动作的动物最先出现，-ga 紧跟其后，例如“Kirin-ga kaeru-o butta”。而承受动作的动物出现于第二位，后面紧跟着 -o，例如，“Wani-ga kirin-o ketta”。了解到这一点，你就可以找出所有动物对应的单词。“Kaeru-ga Zo-o ketta”的意思是“青蛙踢了大象”。

宽吻海豚阿克卡麦（Akekamai）和菲尼克斯（Phoenix）也学会了一种类似的语言。驯养员会通过使用手势或者在水中发出声响来传递信息。

海豚接触到的句子可能是：

呼啦圈—右边的篮子—放	将右边的篮子放进呼啦圈
右边的呼啦圈—篮子—放	将篮子放进右边的呼啦圈

很显然，你在前文中学到的句式是：

[施事者（-ga）] [受事者（-o）] [动作]

阿克卡麦和菲尼克斯学到的句式是：

[地点] [物] [动作]

倭黑猩猩坎济（Kanzi）借用触屏键盘（见文末的网站链接），同样学会了理解并运用新语言。像阿克卡麦和菲尼克斯一样，坎济不仅学会了生词（大部分狗都能轻易做到），还能理解语序的变化。坎济能区分单词相同而语序不同的两个句子，如“把帽子放在球上”和“把球放在帽子上”[①]。

这有什么重要意义呢？很多研究人员认为，人类借助语序规则来创造和理解新句子，语序规则就是人类语言的基本特征，它使人类语言与动物王国的咕噜声、尖叫声和呱呱声区分开来。如果海豚和倭黑猩猩能够理解语序，那将意味着它们双盲试验也能学会人类的语言，至少是初级的人类语言。

这就引出了一个重要的问题……

网站链接：

坎济如何使用触屏键盘：

https://v.qq.com/x/page/h05246s22yv.html

①面对这类可逆句（Reversible Sentences），坎济的表现并不完美，正确率只有57%。不过，57%还是大于随机概率50%，超出了7%，具备显著性差异。——作者注

36 为什么我们不能与动物交谈？

小时候，我对电影《怪医杜立德》（*Doctor Dolittle*）有点着迷。我说的是雷克斯·哈里森（Rex Harrison）主演的那个版本，而不是艾迪·墨菲（Eddie Murphy）的版本。那部电影令我着迷的点在于：为什么我们不能与动物交谈？毕竟，很多宠物似乎听得懂自己的名字，可能还听得懂一些简单的指令，更不用提那只名叫“雀瑟”的神奇狗狗了。展示了这种神奇能力的并非只有鹦鹉亚历克斯和尼基西，还有德国鹦鹉雨果（Hugo）。雨果通过不断重复男主人情妇的名字，向女主人告发了她不忠实的丈夫弗兰克·菲克尔（Frank Ficker）①。是什么阻止我们和动物交谈呢？为什么我们不能像那位著名的杜立德医生一样，和我们的动物表亲聊聊天呢？

人们通常认为，非人类物种无法理解不同的语序可以表达不同的意思。新闻界有一种说法：狗咬人不是新闻，人咬狗才是。这句话之所以能令我们发笑，是因为我们理解其中的语序，清楚谁咬、谁被咬。正如我们刚才所见，有些海豚和倭黑猩猩也具备这种理解语序的能力。值得一提的是，有证据证明，鹦鹉亚历克斯甚至能通过自己对语序的

①不错，这就是他的真名。显而易见，他并不坦率（Frank 有“坦率”之意）。——作者注

理解，组合出新的句子。有人认为，黑猩猩使用手语，也证明了其能理解语序，但这仍存争议。[①]

至少从定义上讲，我们可以认为，有些动物似乎有能力使用“语言”。然而，为什么它们基本上做不到这一点呢？如果它们真的如此聪明，为什么不向我们解释身为黑猩猩的感受呢？起码也可以彬彬有礼地请求我们将其放出笼子呀？

迈克·托马塞洛（Mike Tomasello）致力于研究儿童和黑猩猩的语言学习，他根据自己的研究，给出了新的解释：非人类物种之所以没能使用语言，很可能是因为语言本质上是一种合作行为，近乎一种利他行为。警报用语便是最好的例子，其服务的对象是听话者，而不是说话者，例如，“小心，老板来了！”是传递一些平常的信息；又如，当说出“现在下着雨”时，说话者会假定自己的话对听话者具有某些吸引力，并为此付出精力，即组织好语言。毕竟，没有人，或几乎没有人会对着空屋子滔滔不绝。有时，听话者会附和说话者，甚至为此付出高昂的代价，例如忍受一段无聊而漫长的时光。

托马塞洛认为，黑猩猩无法理解为什么有人会为他人的利益而行动，即便这样并不会给自己带来任何损失。我们可能会说黑猩猩“自私”，但这完全是人类自己的看法。黑猩猩不会认同利他行为，它们会想：“得了吧，我要留下所有的香蕉！”黑猩猩不会优先考虑他人，这是进化的结果。

一系列实验研究都证明了黑猩猩的“冷漠”。我们经常认为，类人猿和猴子在发现掠食者时发出警报是一种利他行为。然而，一项关于猕猴的研究显示，当掠食者（实际上是一名戴着医用口罩的研究人员）

①参看2011年的纪录片《尼姆计划》（*Project Nim*），黑猩猩尼姆·齐姆斯基（Nim Chimpsky）以语言学家诺姆·乔姆斯基（Noam Chomsky）的名字命名。——作者注

接近另一个笼子里的小猴时，只要不靠近母猴，母猴就不会发出警报。在一项实验中，研究人员提供了两根绳子给黑猩猩选择，一根代表着这只黑猩猩和隔壁的猩猩都能获得 5 串葡萄，另一根则代表着只有这只黑猩猩能获得 5 串葡萄。你觉得它会怎么选择呢？结果显示，黑猩猩的选择很随机，在不会造成个人损失的情况下，它既无意帮助邻居，也无意剥夺邻居。这再次表明，黑猩猩不是自私，而是冷漠。[①]在另一项实验中，研究人员把两岁大的儿童置于类似的情境下，结果发现，他选择了让友好的大人得到食物。虽然这需要大人在一旁提示“我喜欢饼干，我想要饼干”，他才会这么做。有趣的是，18 个月大的儿童并不懂得这么做。这说明人类为他人着想的能力，也许是后天习得，而非天生就有。无论如何，黑猩猩都没有表现出这种能力。

往更大的方面想，几乎所有人类的伟大成果，如科学、政府和艺术，都是以合作为基础而产生的。以货币为例，几张纸、几块金属甚至几个数字之所以具有价值，是因为我们都认同了它们的意义。如果非得说人类优于其他物种——我一直都在澄清人类实际上并非优于其他物种——那么显然，乐于合作是一个重要的原因。

①野外的类人猿不会分享食物吗？较少，通常只发生在它们试图拉拢潜在的同盟或者吸引潜在性伴侣的时候。它们有时也会容忍其他黑猩猩拿走食物，但这只有在食物很差的情况下才会发生。同样，虽然母猿会喂养自己的孩子，但它们通常只会把香蕉皮或果壳给孩子，而自己则独享果肉和果仁。你会对自己的小孩这么做吗？——作者注

智商爆表的乌鸦 37

托马塞洛认为，人类不同于动物的地方在于人类善于合作，这是一个备受争议的新观点。一个也许更受推崇的旧观点认为，人类的独特之处在于人类会推理，遇到事情不会简单地跟着直觉走，而会使用逻辑做出判断。就像我们稍后会看到的那样，动物能否进行推理，人们对此仍有争议。那么你呢？

现在，我们假定你是一名在亚马孙雨林研究某种青蛙的博物学家。我们确知，你研究的这种青蛙不是绿色就是橙色，没有同时具备两种颜色的青蛙。对这种青蛙的描述，你的同事有一套法则，具体如下（提示：法则中的精准措辞十分重要）：如果这是只雄蛙，那么它是绿色的。

你和这位同事的关系并不融洽。现在，你找到了自己的使命：要找出一只或多只不符合上述法则的青蛙，以反驳他的理论。嘿，博物学家跟平常人一样小气。

1. 你看到一只雄蛙。假如它不符合上述法则，那么以下哪条描述是必然正确的？

(a) 这只青蛙是绿色的。

(b) 这只青蛙是橙色的。

（c）青蛙的颜色并不重要：无论是绿色，还是橙色，都符合上述法则。

2. 你看到一只橙色的青蛙。假如它不符合上述法则，那么以下哪条描述是必然正确的？

（a）这是一只雄蛙。

（b）这是一只雌蛙。

（c）青蛙的性别不重要：无论是雄性，还是雌性，都符合上述法则。

3. 你看到一只绿色的青蛙。假如它不符合上述法则，那么以下哪条描述是必然正确的？

（a）这是一只雄蛙。

（b）这是一只雌蛙。

（c）青蛙的性别不重要：无论是雄性，还是雌性，都符合上述法则。

4. 你看到一只雌蛙。假如它不符合上述法则，那么以下哪条描述是必然正确的？

（a）这只青蛙是绿色的。

（b）这只青蛙是橙色的。

（c）青蛙的颜色并不重要：无论是绿色，还是橙色，都符合上述法则。

答案

答案：1.b，2.a，3.c，4.c

1. 如果连这道题也错了，那么你的注意力真是不集中。一只橙色雄蛙明显不符合“如果这是只雄蛙，那么它是绿色的”这一法则。

2. 这道题难了一点，但也不是非常难。还是同样的逻辑：一只橙色雄蛙明显不符合“如果这是只雄蛙，那么它是绿色的”这一法则。

3. 这道题就比较难了。你如果选择了（b），那就掉进一个老掉牙的圈套了（逻辑学家经常设计的圈套）。我可提醒过你要留心上述法则的精准措辞。你的同事只说“如果这是只雄蛙，那么它是绿色的”，可没说“如果这是只绿色的青蛙，那么它就是雄性的”。因此，一只绿色雌蛙，并没有违反“如果这是只雄蛙，那么它是绿色的”这一法则。

4. 这道题也做错了？上一题的答案解释了错误所在：雌蛙与颜色没有联系。无论是绿色、橙色、紫色或金色，都与上述法则无关，不能证明也不能证伪“如果这是只雄蛙，那么它是绿色的”这一法则。

全部答对的人并不多，但即使答错，一旦看完解释，大多数人也能明白过来。这证明了我们人类能够推理。

推理能力为什么很重要呢？如前所述，逻辑推理很可能是人类区别于其他动物的一大能力。有些研究者走得更远，他们认为，人类能够推理，关键在于人类拥有意识：意识更能体现人类的独一无二（“谁都会受伤害”一节提出了不同的观点）。实验证据表明，人类在处理一些需要意识参与的任务时，例如在数一首歌中某个词出现的次数时，解答上述这类谜题的能力会下降。该结果印证了此前的说法，即意识让我们拥有了推理所需的洞察能力和思考能力。

从这个角度看，探究其他物种是否能够推理，就显得更具意义了。如果其他物种真的能够推理，那么即便不情愿，我们可能也得承认它们确实具有意识，或至少具有一些类似于意识的东西。

那么，动物有意识吗？当然，动物没法直接解答上述的逻辑题，所以研究人员采用了一种简单的“排除法推理”测试。动物需在两个杯子中间做选择：一个装有食物，另一个则没有。我们会事先展示那个空杯子给受试动物看。如果它们选择了装有食物的杯子，我们就认为它们能够推理。类人猿、卷尾猴、狒狒、渡鸦、北美星鸦都通过了测试。这个任务对我们来说小菜一碟，但从“这个杯子没有装着食物”得出“另一个杯子装有食物”，这确实也是一种推理。

问题是，受试动物可能只是为了避开空杯子，而碰巧选择了装有食物的杯子，根本没有使用推理。2015 年，新西兰研究人员想出了一个巧妙的办法，他们把杯子换成了管子，对新喀鸦做了一项实验。

如图所示，研究人员让两根管子的一端朝前，将食物放在弯管的另外一边。从乌鸦的角度看，这两根管子都是空的。乌鸦若采取了避开空管的策略，那它可能都不选，也可能随机选。想要确保得到食物，乌鸦只能采取真正意义上的排除法：“直管里没有食物，那肯定在弯管里。”大多数乌鸦同时采取了上述的两种策略，有时采用排除法，有时采用避开策略。不过，研究人员发现，有两只特别聪明的乌鸦明显一直采用了排除法。

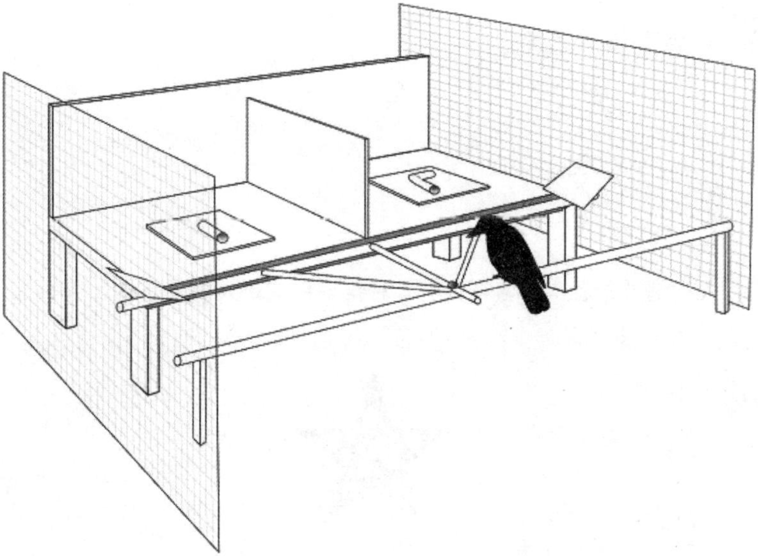

根据上述实验，我们可以看出乌鸦能进行至少一种形式的推理。这引发了人们对一些基本问题的讨论。有人认为，这种推理需要意识的参与。我们是摒弃这种观念，还是被迫承认鸟类也有意识？如果鸟类具有意识，那么所有“更高级”的生物也应该具有意识。这是否意味着动物拥有心灵呢？这些难题我们会留到本书的最后一节探讨。现在，我们可以确定的一点是，鸟类跟人类一样，具备推理能力。

38 学生 VS 松鼠

人类例外论者声称，至少有一种推理模式是人类独有的。例如：

假设每一个带有以上标志的盒子都藏有你最爱吃的美食。下面六个盒子的标志各有不同。你认为哪三个藏有零食，为什么？

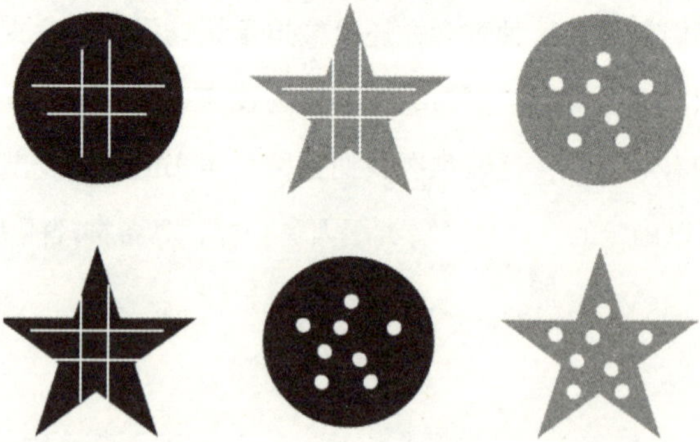

答案

答案没有对错之分。我们真正感兴趣的，是你做选择时所采取的策略。你是选择了与第一个最相似的图案吗，还是按形状、颜色等进行选择？即星形、深色和圆点装有零食，而圆形、灰色和“井”字符号没有零食？

跟上一节一样，这个测试也对比了人类与其他动物的推理能力，具体地说，即分类能力。实际上，这里存在着两种分类方法，尽管大多数人都没有认真思考过这个问题。以“分类衣物”为例。第一种方法更偏向于直觉，即把感觉相似的物品放在一起。比如，你可能会把衬衣、背心和毛衣放在一个抽屉，把袜子和短裤放在另一个抽屉。第二种方法用上了具体的逻辑规则。例如，要将内衣放在一个抽屉里，将外衣放在另一个抽屉里。在这种情况下，背心会和袜子、短裤放在一起，而不是和衬衣、毛衣放在一起。或者，你也可能将浅色衣物放在这个抽屉里，将深色衣物放在另一个抽屉里。

人类能使用抽象（形状、颜色和图案）而主观（形状、颜色和图案的组合并不一定意味着“藏有食物”）的逻辑规则。理论上讲，这种能力是人类所独有的。上一节乌鸦展示的推理，虽然令人印象深刻，但是既不抽象也不主观，因为利用视觉寻找食物是乌鸦每天都要做的事情。这种主观的规则对人类非常重要，就算违背了“常识”，甚至与人类的期望相悖，也照行不误。例如，仅因一纸文件没在日期截止前上交，刑事案件就无法立案受审，这并不少见。即使被告已经认罪，情况也是一样。

上述测试的含义是：人们认为人类，尤其是大学生（学术人员特别喜欢使用晦涩而主观的推理规则）会使用明确的逻辑规则做出判断，而松鼠只会使用“相似度”这种模糊的规则。

然而，在一次类似的测试中，学生和松鼠、鸽子的表现并无多少差别。三个物种选择更高级的策略——通常是选择颜色，并一以贯之的可能性是相同的。如果说有什么不同，那就是相比于松鼠或鸽子，人类更喜欢使用更原始的“相似度”策略。

这意味着什么？把使用“相似度”视为“愚蠢”的模糊思维，而把使用“逻辑规则”视为“聪明”的思考模式，这可能是不对的。也许在我们的日常生活中，使用“相似度”比“逻辑规则”更有效。该研究的负责人员也支持这种解释。这并不出奇，研究人员总体上要比普通人更冷静，也更有探索精神。依据实验结果，研究人员还认为，鸽子、松鼠和人类的分析能力可能处于同一水平。如果你是学生，那可得小心了。下一轮测试，你可能会发现自己还不如松鼠聪明。

箱龟的奖励 39

人类例外论者再次反驳道，除了具象和抽象推理外，还存在着另一种推理。我可不能多说什么，以免泄露秘密。现在，你得小心啰！

下面有两组盒子，藏有奖励的盒子已用 * 标出。

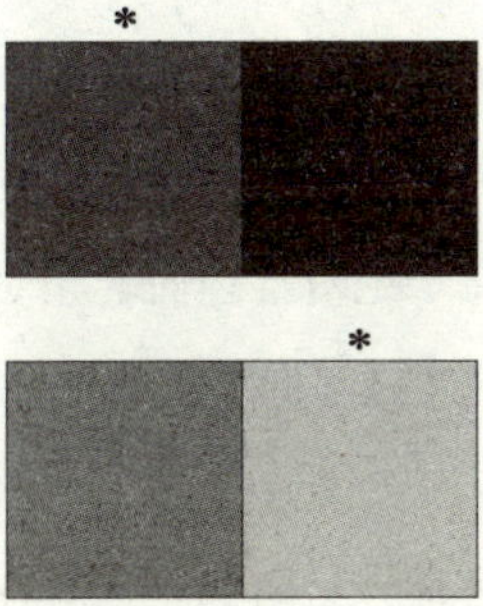

下面两个盒子，哪个藏有奖励呢？

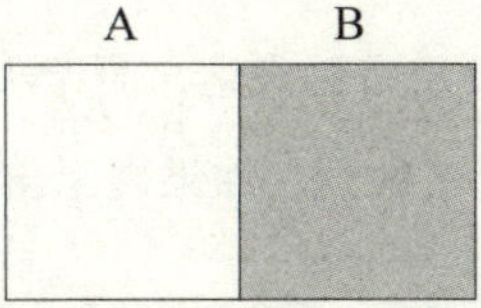

答案

答案是盒子（A）。看了前面的两组盒子，你应该已找到规律，即选择颜色较浅的盒子。不过，我做了一些手脚，将“字面”匹配混入“关系”匹配，加大了问题的难度：问题中没有藏奖励的盒子和第二组中藏有奖励的盒子颜色相同。你很可能还是选中了正确答案，因为人类很擅长使用关系性思维（Relational Thinking）。

其他动物的表现如何？有些动物能进行具象推理，甚至是抽象推理。但这两种推理都属于绝对推理而非相对推理。譬如，当我们在推理时，会探究“是星状还是圆形”而不是“更接近星状”；会探究“是圆点还是#号”而不是“更接近圆点”。本节谈及的推理更为高级，你需要关注事物的联系特征，忽略其具体特征。如果你心里想着“是浅灰色的吗？”，那么你肯定会得出错误答案。你应该这样想：“是颜色更浅的那个吗？”

这种推理可能是人类独特性的最后堡垒，其原因在于“选择颜色较浅的盒子”似乎需要用言语表达，而无法使用语言的动物（又或者是所有动物[①]）显然无法做到。如果展示出这种能力的不是灵长类动

①好吧，有些动物可能拥有语言，或至少拥有学习语言的能力，这取决于我们如何定义语言（见“为什么我们不能与动物交谈？”一节）。但是动物语言没法表达“选择颜色较浅的盒子”这种意思。——作者注

物或哺乳类动物，而是不起眼的爬行类动物，例如乌龟，那真是太阳打西边出来了。

没错，迪士尼乐园里的箱龟马里奥（Mario）和菲利普（Flippy）就通过了测试。值得一提的是，它们是在数百名粉丝面前接受测试的。好吧，有少数游客觉得这项测试索然无味，他们只是不想排长队玩“激流勇进”才来参观的。你想看照片吗？下面就是菲利普的热身照。食物没有放在盒子里，而是放在被涂成了黑色、白色或者灰色（灰色有三种）的桨后面。看，它迫不及待了呢！

即使把黑色、白色和灰色换成深浅不一的蓝色和绿色，神奇的箱龟也能选中颜色较浅的桨。因此，我们可以看出，它们确实有“更浅”和“更深”这样的笼统概念，而不是采取简单粗暴的策略，只选择特定颜色的桨。

真希望研究人员让上一节中的动物也参与这项实验，并且使用 50 种深浅不一的颜色来测试它们，看看它们如何选择。到那时候，我就会拟定新的标题了。[①]没有语言相助，马里奥和菲利普也具有“更浅”这种相对概念。这简直不可思议，它们“箱当”[②]了不起!

①你懂了吗？我将把标题定为“50 Shades of Grey Squirrel”。Grey Squirrel意为灰松鼠，50 Shades of Grey指电影《五十度灰》。——作者注
②原文用的是“turtley awesome”，turtley是作者造的词，由“turtle”和“y”组成，作副词用。——译者注

第三部分

天性如此

家有狗医生？ 40

在马里奥和菲利普居住的迪士尼乐园，人类可以与海豚共泳。许多人认为，动物辅助治疗，譬如与海豚共泳，与马散步，或者与狗玩耍能有效治疗抑郁症、创伤后应激障碍症等心理障碍。不过，有足够的证据证明这一点吗?

很遗憾，证据不足。近期，动物心理学家海尔·贺佐格（Hal Herzog）总结发现，虽然已有数百项关于动物辅助治疗的研究，但其大部分存在着设计缺陷，无法给出有效的结论。最典型例子就是马匹辅助治疗。不少于 14 项研究声称，马匹辅助治疗是有效果的，且大部分是积极效果。然而，除两项研究外，其余研究的受试者均数量过少，得出的结论大多既不可信，又缺少空白对照。

马匹辅助治疗存在着重大缺陷，因为有些精神疾病在一段时间后会自行痊愈，也就是说，我们无法确定病症的改善是否与马匹辅助治疗有关。更致命的是，这些研究都没有设置非动物辅助治疗对照组。因此，即便“受治者”病情的改善程度比“没有接受治疗的人”高，我们仍无法弄清这是否受益于马匹辅助治疗，也许，驯马员才是产生治愈患者的真正原因。我们必须承认，在实验中与受试者交流的，并不是马，而是驯马员。

科学上说，随机对照试验（RCT）是检验干预措施的最佳手段。在随机对照试验中，受试者会被随机分配到治疗组或对照治疗组，接受动物辅助治疗或没有动物参与的类似治疗。[①]日本一大型科研团队打算对这些动物辅助治疗研究进行元分析（Meta-analysis）[②]，却发现无从下手，因为符合实验基本要求的随机对照试验极少。撇开质量不说，日本科学家也只找到了 11 组随机对照试验，实验对象有狗、猫、海豚、鸟、牛、兔子、雪貂和豚鼠。

那么，你觉得狗能治疗你吗？天晓得！不过，你能治疗狗吗？答案是肯定的。

养狗人士（或者长期受扰的邻居）会告诉你，狗最常见的心理问题就是分离焦虑（Separation Anxiety）：独处时，有些狗会吠、嚎、啃，或者做出其他更恶劣的事情来，连续折腾好几个小时。

在相关研究中，狗除了服用抗抑郁药物（Reconcile，从本质上说，这种药物就是狗的百忧解），还接受了行为矫正治疗：狗主人会在离开前半个小时内忽略它，在离开时给予它玩具或食物；狗主人在回到家后，不会立刻与它亲密接触，而只有它冷静下来，狗主人才会给予些许关注。最终的结果是，在衡量分离焦虑的四项指标——随意排尿、随意排便、到处破坏和制造噪音（即叫或吠）上，接受行为矫正治疗的狗都明显有所改善（非治疗组则没有）。实验开始时，这些狗大都表现出随意排泄、肆意破坏或者乱吠乱叫的行为，但在接受治疗后，所有的狗就都不再表现出这四种行为了。

更奇妙的是，除学会抵抗焦虑外，那些接受治疗的狗还养成了非

①让受试者随机接受不同的治疗方案，这种严格的要求看似毫无意义，实则至关重要。受试者要是可以自主选择治疗方法，就很可能会出现这样的情况：那些病症较轻的受试者会偏向选择动物辅助治疗，而不是大剂量的精神药物治疗。这会使动物辅助治疗组和非动物辅助治疗组的对比变得没有意义。——作者注

②将所有关于特定主题的所有研究综合起来，进行研究。——译者注

常乐观的态度。那么，我们是如何得知的呢？

事实上，研究人员在治疗前后，分别给狗狗做了认知偏差测试。首先，研究人员会训练狗狗，让它知道，放在左边的碗盛有食物，放在右边的碗是空的。之后，研究人员设置一个位置模糊的碗（不偏左也不偏右，刚好处于正中间），测量狗狗接近这只碗的速度，作为衡量“乐观”的标准。

毫无疑问，比起控制组的狗狗，治疗组的狗狗接近这只碗的速度更快。这表明，行为矫正治疗（或服用狗狗百忧解，又或者同时接受这两种治疗）能让狗狗变得更加阳光（在“谁的性格最稳定？”一节提到的犬类性格测试中，接受治疗的狗狗在“神经质”这一项的得分会比较低）。

现在，我们知道，犬类辅助治疗对人类是否有益仍存争议，但人类辅助治疗对犬类的益处有迹可循。不过，狗确实能给予人类其他方面的帮助。

你知道狗能发现人类患有癌症吗？这种说法我早有耳闻，可它听起来非常可疑，我一直都未能验证。多年后，我翻阅了相关研究资料，被结果所震惊：我们可以快速训练出狗侦查癌症的技能，后者的正确率惊人。例如，只需闻一闻人呼出的空气，狗就能以99%的准确率判断这个人是否患有肺癌。

那么，狗在知道人类处于紧急状况后，会向他人寻求帮助吗？遗憾的是，这只是个神话。在一项研究中，受试的狗狗看见主人在开阔的场地心脏病突发（假装的），或被书架压倒在地无法动弹时，并没有向站在一旁的人求助（有一只玩具贵宾犬甚至跳到主人的大腿上，等待后者的抚摸）。

总之，你家里的狗也许能嗅出癌症，但可别指望它在你遭遇危险时做些什么，也别向它寻求心理治疗。

动物瘾君子 41

动物辅助治疗的疗效尚未得到证实，面对生活的考验和磨难，可怜的人类该向何处求助？人们或许会说：“借酒消愁。”确实，我们喜欢在酒精和毒品中寻乐，甚至很可能对这两者上瘾。然而，绝不是只有人类才会表现出这种行为。最近，《新科学家》(*New Scientist*) 刊载了一篇文章，其总结了一些著名的动物瘾君子：对鸦片上瘾的沙袋鼠、对酒精上瘾的鼩鼱、对安非他明 (Amphetamine)[①]上瘾的小鼠、对大麻上瘾的猴子以及对可卡因上瘾的毛虫。如果存在一个人类和其他动物都能参与的简单测试，可预测出谁最有可能上瘾，那会怎么样呢？

你猜怎么着，还真有这样的测试。完成下方的测试，看看你和不起眼的小白鼠，谁的上瘾情况更严重。

遇到以下情形，你会如何选择：

1. (a) 立刻得到 900 英镑

   (b) 一个星期后得到 1 000 英镑

2. (a) 立刻得到 960 英镑

①一种中枢兴奋药及抗抑郁症药。——译者注

(b) 一个星期后得到 1 000 英镑

3. (a) 立刻得到 650 英镑

(b) 一个星期后得到 1 000 英镑

4. (a) 立刻得到 550 英镑

(b) 一个星期后得到 1 000 英镑

5. (a) 立刻得到 995 英镑

(b) 六个小时后得到 1 000 英镑

6. (a) 立刻得到 960 英镑

(b) 六个小时后得到 1 000 英镑

7. (a) 立刻得到 920 英镑

(b) 六个小时后得到 1 000 英镑

8. (a) 立刻得到 860 英镑

(b) 六个小时后得到 1 000 英镑

答案

这个测试研究的是延迟折扣（Delay-discounting）①。表现出高延迟折扣率的人（为了快速得到目标物，而选择较少的回报）更容易对酒精、药品、香烟、食物和赌博上瘾。②总体来说，你选择的“b”越多越好。不过，具体是什么原因让你成了潜在的瘾君子呢？

一项研究试图通过上述的假设情景来辨别瘾君子和非吸毒者，我们可以借此来回答上述的问题。一般而言，非吸毒者除了第1题之外都会选择“b”，而瘾君子除了第4和第8题之外都会选择“a”。这也就是说，为了避免等上一个星期才拿到1 000英镑，瘾君子愿意放弃300多英镑；而为了避免等上六个小时，他们甘愿放弃约100英镑。

那么，小白鼠的表现如何呢？在一项实验中，研究人员给39只小白鼠提供了两种选择：要么立刻得到2粒食物，要么在等待15秒后得到12粒食物。当然，小白鼠回答不了假设情境中的问题，研究人员只能事先训练小白鼠，让它们知道：只要按下一个操纵杆，便可得到即时但较小的奖励；而按下另一个操纵杆，则可得到延迟但较大的奖励。

---

①指由于发生时间上的延迟，未来结果的当前价值低于其实际价值，或控制当前行为效力下降的心理现象。——译者注

②正如我在前一本书《心商》中所说，这类人更不愿采取预防措施，例如系好安全带、经常运动、看牙医和戴太阳眼镜。——作者注

结果显示，9 只小白鼠约有 75% 及以上的几率不选择等待更大的奖励，它们被划分为“冲动型”。如果你除了第 1 题，其余的答案都选了“a”，那么恭喜你，你比普通小白鼠要更冲动！值得一提的是，在接下来的酒精自助餐实验中，冲动型小白鼠会摄入更多的酒精；后来的“静脉注射可卡因的自我管理实验”也得到了类似的结果。这类发现至关重要，因为它们表明：是冲动（根据你在假设情景中的表现来衡量）导致了吸毒与酗酒，而不是毒品和酒精导致了冲动。

我曾在某个科普节上说出了这些发现，之后，一位母亲走向我，称她的女儿表现出了所有的征兆，并问我能否提供一些训练来帮助她的女儿。这个领域尚处于起步阶段，但最近，美国南部阿肯色州的一组研究人员开始探索“记忆训练法”的可能性。他们认为，无法有效地想起过去的快乐和无法有效地设想未来的快乐是一个硬币的两面，如果其中一面加强，另一面也会随之提高。这组研究人员的初步成果十分可观：他们确实降低了瘾君子的延迟折扣率。这一点能从假设情景测试中被观察出来。当然，更重要的问题是，这种训练能否成为治疗药物滥用的有效手段。

如果确实可行，那它是否会对蜘蛛有用呢？……

网站链接：

http://www.newscientist.com/article/dn17373-animals-on-drugs-11-unlikely-highs.html#.VXBE-FxVhHw

噢，我们织了一张多复杂的网 42

除了上节中的实验，研究人员让另一种动物——家里的蜘蛛，测试了各种娱乐性药物（Recreational Drug）。蜘蛛之所以成为重要的实验对象，是因为药品会严重影响它们的吐丝能力……这很有趣。

看看你的表现如何。下面是一张典型的蜘蛛网。你要做的就是在下面几种情况下临摹这张蜘蛛网：(a) 未服用任何药物；(b) 喝了几杯咖啡；(c) 服用了药物，或者喝了酒（请保证安全、合法！）。画一张网比织一张网要容易得多，因此，你需要使用非利手（你若是右撇子，就用左手，反之亦然）。

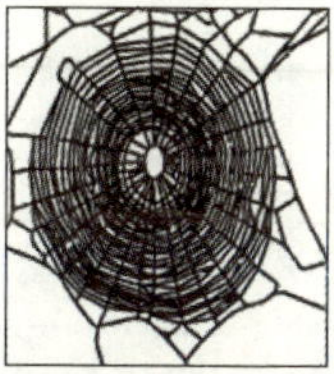

(a) 未服用任何药物　(b) 喝了几杯咖啡　(c) 服用了药物

答案

先看看蜘蛛的表现。下面是蜘蛛在没有摄入药物以及分别摄入咖啡因、大麻、麦司卡林（仙人掌毒碱）、安眠药（水合氯醛）和安非他明（苯丙胺）时织出的网。你能将它们一一对应吗？将书倒过来，就能看到答案。

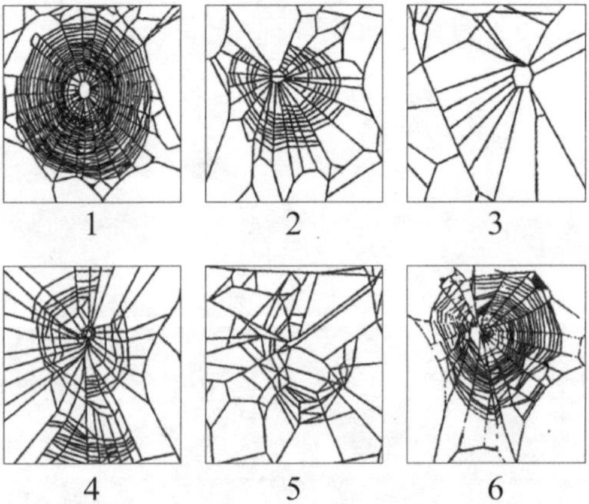

答案（按序号）：无药物、大麻、安眠药、安非他明、咖啡因、麦司卡林

除非你特别敏感，否则，你在喝完咖啡后画出的蜘蛛网，应该与未摄入药物时一致。但蜘蛛就没那么幸运了。对蜘蛛来说，咖啡因是

剧毒。无论服用了哪种药物，如果你画出的蜘蛛网和第 5 幅图（摄入咖啡因的蜘蛛织出的网）一样杂乱，那我将会大吃一惊。实际上，如果我们将药物的效用排序，会发现它们对蜘蛛的影响与对人类的几乎相反。

尽管实验结果并不适用于人类，但这并不意味着在动物身上进行药物研究是在浪费时间。我们想强调的是，针对特定的现象或疾病，选择合适的动物模型①至关重要，每一位做动物实验的研究人员都应该知道。下面，让我们简要地探讨几个例子（摘自英国皇家学会关于如何选择非人动物进行实验的指南）。

20 世纪 50 年代，脊髓灰质炎②令全球各地，包括发达的西方世界闻风丧胆。1952 年，脊髓灰质炎在美国境内肆虐，致使 2 000 人瘫痪、3 000 人死亡，他们大多数都是儿童。为此，美国研究人员乔纳斯·索尔克（Jonas Salk）挺身而出，开始研制疫苗：他给猴子（寄主）注射脊髓灰质炎病毒，并将之从猴子体内提取，之后再灭活③该病毒，得到疫苗。索尔克用研制的疫苗在 60 万名小学生身上进行了双盲试验④。这是世界上最大的临床试验之一，最终，该疫苗被证实安全、有效，而索尔克也因此成了国民英雄。如今，科学家尽管无需通过活体培养，仅依靠组织培养便能获得制作疫苗所需的病毒，但如果没有最初的活体动物试验，这种疫苗也不会出现。此外，一些国家或地区还会将低毒性的活病毒用作疫苗（英国从 2004 年起放弃这种做法）。为了确保

①主要用于实验生理学、实验病理学和实验治疗学（包括新药筛选）研究。借助于动物模型的间接研究，我们可以有意识地改变那些在自然条件下不可能或不易排除的因素，以便更准确地观察模型的实验结果，并与人类疾病进行比较研究。——译者注

②又称小儿麻痹症，是由脊髓灰质炎病毒引起的一种急性传染病。——译者注

③指用物理或化学手段杀死病毒、细菌等，但不损害它们体内有用抗原的方法。——译者注

④指研究人员和志愿者都不知道谁接受了治疗（这里指接受疫苗治疗），谁接受了安慰剂。这是临床试验的黄金准则。——作者注

疫苗的毒性足够低，这些疫苗均需要在猴子或基因工程小鼠（近来使用的实验对象）身上进行实验。

英国每年出现肾衰竭症状的人约有 5 000 名。这些患者必须采取肾透析或肾移植等治疗手段，而如果未能及时治疗，其中的近三分之一将会死亡。同样是在 20 世纪 50 年代，研究人员开始探究器官移植的可能性。当然，他们无法进行人类活体实验。在这种情况下，他们只能挑选一些呼吸系统和心血管系统与人类相近的动物，如兔子和狗。然而，研究工作在一开始便遇到了困境——免疫系统对移植器官产生了排斥。针对这种现象，研究人员在兔子和狗的身上深入研究，最终研制出了免疫抑制剂①。此外，即便没有接受器官移植，患有肾衰竭的病人也往往得益于动物实验：这些病人必须进行肾透析，需要用到从狗身上试验出来的抗凝血剂。

我们还能举出很多案例：癌症、癫痫病、囊性纤维病……每一项重大的医学进展几乎都离不开大量的动物实验。“生理”疾病如此，“心理”疾病也不例外。例如，研发和测试抗抑郁药就需要借助动物。老鼠在被困于无法逃离的水管中时，会试着游泳、挣扎，甚至是逃跑。而一段时间后，它们便会放弃挣扎，陷入与人类“抑郁症”类似的“绝望”之中。若想测试某一药物能否治疗人类的抑郁症，最简单有效的方法就是验证该药物能否缓解这些老鼠的“抑郁”症状，即是否延长了老鼠挣扎的时间。同时，正如我们在“家有狗医生？”一节中看到的那样，借由老鼠研发出来的，供人类使用的抗抑郁药，同样适用于其他动物。

反对动物实验的人认为：人类与其他动物存在着差异，从动物实

①对机体免疫反应具有抑制作用的药物，能抑制与免疫反应有关细胞的增殖和功能，能降低机体的免疫反应。——译者注

验中获得的结果无法适用于人类。不过，上述例子以及各种其他的案例都向我们证明，情况并非如此。只要选出来的动物在某一特定方面与人类相似，那就是可行的，例如，在研究肾移植时，研究人员会选择与人类有着相似的呼吸系统和心血管系统的动物。即便是那些显而易见的反例，只要我们仔细研究，也会发现其证明了动物实验的重要性。例如，常有人指出，动物实验没有预测到反应停事件（Thalidomide Disaster）[①]。然而，这是因为研究者没有在怀孕的动物身上进行实验。多年以后，研究人员才进行了这类实验，结果发现，受试动物产下的幼崽也出现了四肢畸形。

现在，我们还无法完全用离体实验[②]或者计算机模拟[③]来取代活体实验。通常情况下，我们只能用完整的生命体来评估药物或者手术的效果。

至于动物实验是否道德，每个人都有自己的看法，我并不想将自己的观点强加于他人身上。一些人认为，人类的生命并不比其他动物高贵，我们不应该通过杀死动物（哪怕是一只老鼠）来挽救一个人的性命。(这个说法不够直白，那我换个说法：脊髓灰质炎疫苗拯救了成千上万名儿童，但我们因此杀死几千只猴子，这样道德吗？）这种观点也许很不寻常，但并没有不合逻辑或不合科学的地方：这不是关乎逻辑和科学的问题，而是关乎道德的问题。不过，我们就不要自欺欺人了：就目前的医学水平而言，假如我们明天就彻底放弃动物实验，那将会有成千上万的人死于一些本可以被治愈的疾病。

①反应停是妊娠期的母亲为避免怀孕早期的呕吐而服用的药物，最终会导致婴儿四肢畸形。——作者注
②在玻璃内实验，例如，装有组织培养物的试管、烧瓶或培养皿。——作者注
③极少领域能够做到这一点，而且在此之前，一般都要进行多年的动物实验。——作者注

网站链接：

给蜘蛛服用药物，并观察它们如何吐丝：

http://www.badspiderbites.com/spiders-on-drugs/

昆虫怪诞的性行为 43

把那些奇怪的想法放到一边，让我们说回勤劳的蜘蛛。我们知道，蜘蛛织网（希望不要选在喝完了早餐咖啡后）是为了捕捉昆虫。这只饥肠辘辘的蜘蛛走了好运，周边有享用不尽的昆虫，现在，它需要考虑的只剩下繁殖问题了。昆虫拥有惊人的繁殖能力，是激情四射的播种者。不仅如此，部分昆虫的繁殖行为还十分古怪。下方的表格列出了一些奇特的性行为。你需要：

- 左边：排除那些开玩笑般的选项，选中正确的答案。本书的目的是让你和动物朋友一较高下，所以你一定要认真选择答案。

- 右边：设想一下，这是否就是你在烛光晚餐或者几杯红酒下肚后想做的事情。

请勾选答案。

	对	错
有些雄性昆虫交配时生殖器会爆炸。		
某些雄性昆虫拥有两根阴茎，平时主要使用其中一根，另一根作为备用，只在第一根折断后使用。		
某些雄性昆虫的阴茎带刺，会在阴道内弄出小裂痕。		

我也想这样！

续表

	对	错	我也想这样！
前戏中，有些昆虫会向彼此发射由黏液包裹的“爱之飞镖”。			
有些雄性昆虫会将匕首一样的阴茎插入雌性昆虫的皮肤，并射入精子。当卵在雌性体内孵化后，幼虫会以雌性为食，最后破体而出。			
这两只紧紧纠缠在一起的性爱大师可以持续交配长达 79 天。			
有些雄性昆虫既可以与雌性交配，也可以与其他雄性交配。			
有些雌雄同体的昆虫不仅能交配繁殖，还能将交配得来的精子传递给下一代，使下一代可以不经交配直接繁殖。			
雌雄同体的两只昆虫会使用阴茎打架。赢的一方会将阴茎插入另一方的皮肤，输的一方则成为“母亲”。			
有些雌性昆虫会利用附在阴道上的另一个胃吞食雄性的精子。			

答案

除了“爱之飞镖”和“阴茎打架”，其余选项都属实。这两种说法之所以错误，是因为涉及其中的蜗牛和扁虫并不属于昆虫。部分昆虫的性行为虽然让我们觉得好笑（或疼痛），但也有着严肃的一面：每一种怪异的性行为都提高了昆虫在交配游戏中的成功率，有时还会降低对手得逞的机会。

例如，雄性蜜蜂长出易于爆炸的生殖器并不是进化上的“失误”，相反，爆炸后的生殖器会变成堵塞物，阻止竞争对手的精子进入与它交配的雌性体内。同样，一些竹节虫会持续交配数日乃至数周，但这可不是因为这些情人温柔体贴，简单来说，是因为只要它们有一根阴茎长期霸占着位置，其他竞争对手将会无从下手。如果你像蠼螋一样拥有两根阴茎，那你大可不必整天围着伴侣转悠，事实上，你完全可以留一根阴茎在雌性体内作为避孕工具，然后继续过逍遥日子。

很多昆虫都是通过将精子直接注入皮肤的方式来完成交配的，这或许是因为它比哺乳动物所用的方法更方便、快捷，不过，捻翅目昆虫是个极端的例子，这类昆虫寄生于胡蜂等体型较大的昆虫体内，幼虫在孵化后会活吞母亲。即便是那些通过阴道交配的昆虫，如瓢虫，也往往得益于能穿刺和撕裂皮肤的阴茎：通过被阴茎撕裂的伤口，可促进受精的化学物质才得以进入雌性的体腔。然而，这并不是雌性蝴蝶进化出“阴道胃”（也称交配囊）的最初目的。相反，雌性蝴蝶会分泌物质以中和促受精的化学物质，借由“阴道胃”来吸收精子包（精荚）中的营养。它为什么要这么做呢？事实上，不受孕的时间越长，它能得到的营养也就越多。

雌雄同体的现象在昆虫界并不罕见，“既是孩子的爹，又是孩子的爷爷”的情况却不常见。听上去人畜无害的吹绵蚧壳虫[①]会将自身体内的精子传输给下一代，从而实现这一壮举。同性性行为也较为常见，超过 100 种昆虫涉及其中。不过，近期的研究发现，大多数同性性行为都是由于弄错对方性别而引起的。雄性昆虫如果携带了雌性信息素（从雌性身上得来），就可能被其他雄性昆虫骑到身上。遇到这种情况，该雄性昆虫通常会挣扎。有时，为了减少占支配地位的雄性昆虫的攻击性，降低对手的交配几率，一些雄性昆虫还会通过模仿雌性的行为，或模拟雌性的信息素来吸引其他雄性。

你也许觉得，折断阴茎、生殖器爆炸、持续数周的交配行为、阴道胃等等，与人类性行为根本搭不上边。但实际上，人类的许多性特征可能扮演着类似的角色。例如，从进化的角度来说，性嫉妒的意义何在？或许，它在很大程度上是为了促使男性限制竞争对手，这与雄性昆虫在雌性的阴道中留下阴茎无异。

昆虫许多绚丽的性行为看似怪异，实则起着重要的作用。在这个方面，鹌鹑有过之而无不及……

---

①同翅目，一种害虫。——译者注

鹌鹑的恋物癖 44

没错，就是鹌鹑。众所周知，鹌鹑蛋吃起来很像鸡蛋，只是前者尺寸更小，看起来更“花哨”。然而，就是这种普通的小鸟，表现出的恋物癖可以令克里斯钦·格雷(Christian Grey)[1]自愧不如。你有性癖吗？完成下面的测试，看看你和中年柏林人的差异何在？

想象下面的各种情形，测试一下自己的兴奋程度。

	毫不兴奋	轻度兴奋	一般兴奋	非常兴奋	极度兴奋
易装癖（变装）					
恋物癖（非生命物件，比如鞋子）					
窥阴癖（偷窥没穿衣服的人，或对方脱衣服）					
露阴癖（在陌生人面前突然暴露自己）					
摩擦癖（出其不意地摩擦陌生人）					
受虐癖（被绑住、羞辱或鞭打）					
施虐癖（绑住、羞辱或鞭打他人）					

①《五十度灰》的男主角。——译者注

答案

结果如何？

男性中，勾选“轻度兴奋”及以上程度的比例如下：

答案：易装癖5%，恋物癖30%，窥阴癖35%，露阴癖4%，摩擦癖13%，受虐癖15%，施虐癖22%

现在，你已经知道自己是否比普通的德国中年男性古怪了。但是，与日本鹌鹑比起来，你又会发现什么呢？相关研究中，研究人员会在公鹌鹑交配之前，在它们眼前快速晃动一块厚绒布（可用来制作晨衣、浴袍等）。重复30次后，约有一半的公鹌鹑迷恋上了这块厚绒布，也就是说，它们想和这块厚绒布交配。

在测试阶段，公鹌鹑可以选择与老搭档（活生生的母鹌鹑）交配，也可以选择与厚绒布交配。结果，比起其他的公鹌鹑，有恋物癖的公鹌鹑隔了更长的时间才骑上母鹌鹑，因为它们忙着用色眯眯的双眼打量（或盯着）那块厚绒布。值得一提的是，一旦抵住了厚绒布的诱惑，与母鹌鹑成功交配，这类公鹌鹑就会促使更多的卵子受精。是什么引发了这种奇怪的现象呢？研究人员一本正经地解释说：“也许是因为有恋物癖的公鹌鹑在相关刺激物（厚绒布）上花费了大量时间和精力，从而刺激了生殖机能。”换言之，厚绒布让有恋物癖的公鹌鹑大为兴奋，因此，相比于拘谨的公鹌鹑，它们的精液量更多，也更有效。这一切的意义何在？

长久以来，心理学家普遍认为，人类的恋物癖可能是由于无意中将非生命物质（比如鞋）和性经验联系起来而导致的，就像巴甫洛夫的经典条件反射（Classical Conditioning）[①]那样。然而，我们基本上无法在人类身上验证该假说，因为：第一，只有成年人才能作为实验对象，而此时，他们的癖好很可能已经成形；第二，我们无法在实验环境下给他们提供性体验（除非是非常温和的，比如观看色情书刊或影像）。人类的性行为比鹌鹑复杂得多，不过，本研究以及类似的研究都表明，该假说至少走对了方向，它同时适用于人类和鹌鹑。既然人类可以借由打扮成布绒玩具，观看石头和沙砾以及感受寒冷来获取兴奋感，那鹌鹑想和厚绒布交配，就真的那么不可思议吗？

如果你觉得这种想法很变态……

①又称巴甫洛夫条件反射，指一个刺激和另一个带有奖赏或惩罚的无条件刺激多次联结，可使个体学会在单独呈现该刺激时，也能引发类似无条件反应的条件反应。——译者注

45 蝉知道答案

接下来的两个数字是什么?

2 3 5 7 11

答案

你还在纠结吗？你可知道，有一种不起眼的昆虫已经解决了这个问题。

如果我告诉你这种昆虫就是周期蝉[①]，不知对你可有帮助？

容我提醒一句，这种蝉最著名的特征（相对而言）就是其生命周期是质数[②]。

没错，答案是 13 和 17。

周期蝉一生的大部分时间都在地下度过（13 年或 17 年）。在经历了漫长的地底时光后，它们会一股脑地冒出地面，享受最后的荣光。这段时间通常约一个月，其间，它们会歌唱、交配、产卵，直至死去。在这之后，卵孵化成幼虫，幼虫进入土地，新的生命周期又将开始。

拥有一个较长的生命周期的好处就是：能让捕食者（大部分是鸟类）应接不暇。周期蝉一股脑地出现在地面上，即便每一只鸟都放开肚皮吃，它们中的许多仍能幸免于难。

---

①周期蝉属（学名：Magicicada）是半翅目蝉科的一属，主要分布于北美，其生命周期为 13 年或 17 年，也被称为十七年蝉或十三年蝉。——作者注

②如果你记不太清高中数学，也许需要点提示：质数是任何大于 1，但不能被其他数字（当然，除了它自身和 1 之外）整除（亦即，没有余数）的数。——作者注

周期蝉的生命周期是质数，这意味着它们能避免与捕食者的生命周期同步。例如，如果周期蝉拥有 15 年的生命周期，那它们就会与拥有 5 年生命周期的鸟同步。每隔三代（即 15 年），新生雏鸟（此时的数量最高）便能享受一次前所未有的蝉之盛宴。因此，只要周期蝉维持 17 年的生命周期，那就能保证两者的周期每隔 85 年才能同步一次 (17 乘以 5)。

以上是当前最流行的解释。然而，最受支持的假说是：蝉进化出质数的生命周期，不是为了避免与鸟类同步，而是为了避免与自身同步。拥有不同生命周期的蝉在交配后，会产下生命周期不等的后代。如此一来，等这些后代冒出地面后，它们很可能会找不到交配的对象 (还有一群虎视眈眈的鸟在身旁)，这无异于灭顶之灾。于是，周期蝉只有维持两个较长的质数生命周期（即 13 年或 17 年），才能确保拥有不同生命周期的蝉每 221 年才相遇一次。

蝉进化出质数的生命周期，是否是为了避开捕食者，这点暂且搁置一边。在避开捕食者方面，各种大小不一的生物还有着许多更常见的把戏。猜猜是什么？

提示：这一招人类也会。

自然界中的伪装大师 46

没错，就是伪装。动物王国上演了各种各样的伪装戏码，而人类等了很久才学会这种技巧，这倒新奇。例如，直到 1902 年，英国“红衫军”（Redcoat）才放弃色彩鲜艳的军装（也许鲜艳的颜色能给人一种心理优势，参考“人猿合一”一节），换上通身卡其色的军装；直到 20 世纪 60 年代，迷彩服才流行起来。不过，进化的魔力早已让动物学会了伪装术。现在，想象自己是一只饥饿的小鸟，你能发现下图中的可口点心吗?

你很可能找到了，但有点困难，对吗？彩图则会更难分辨。饥饿的小鸟从这里飞过，得碰上好运，才能发现这只毛毛虫。假如将其翻转过来，情况会怎么样呢？

就像大拇指似的，十分醒目，对吧？但为什么会出现这种情况呢？这涉及反荫蔽现象（Countershading）：包括鲸鱼、海豚、老虎和金枪鱼在内的很多动物都有较深的背部和较浅的腹部，这种颜色差异既具有防晒功能，又是行之有效的伪装策略。将匀色物体置于太阳光或人造光下，你会发现，其顶部比底部要亮。这意味着，假如某种动物的全身皮肤或软毛都是同一色调，那在颜色统一的背景下（例如，草地、沙漠、天空或海洋），该动物的背部就会像圣诞树一样发亮。而反荫蔽能抵消这种效果：动物的背部深、腹部浅，当阳光照在深色的背部时，其背部和腹部的色调将趋于一致。通过反荫蔽，动物的肤色看起来十分均匀，能在相同的背景色中伪装起来。

你刚刚看到的毛毛虫（或者，你并没有看到）是个例外，但它同样证明了反荫蔽现象。与鲸鱼、海豚、老虎和金枪鱼不同，毛毛虫的背部颜色比腹部要浅，这是由于这种毛毛虫，即月形天蚕蛾（Actias luna）喜欢倒挂着。当这种毛毛虫摆出自己喜欢的姿势时，我们会发现它们的向光侧（深色腹部）会变得较浅，而背光侧（浅色背部）则变得较深，反荫蔽效应促成了有效的伪装（如第一张图所示）。如果你将毛毛虫翻转过来（如第二张图所示），阳光就会将毛毛虫浅色的背部照得更浅，阴影下的深色腹部也会显得更深，从而使它被人一眼认出来。

假如艾瑞·卡尔（Eric Carle）[①]画笔下的那只著名的毛毛虫想一饱口福，但又不想成为鸟儿的腹中物，那么我会提示它：躺下吧！

①美国著名的儿童绘本大师，他最有名的作品是用珂拉琪手法创作的《好饿的毛毛虫》（*A Very Hungry Caterpillar*）。——作者注

47 捕食者最好留有一手

猎物会利用数学策略或伪装术巧妙地躲避追捕，所以，捕食者最好留有一手。好消息是，许多动物确实有自己的锦囊妙计。那么你呢?原则上说，下面的测试适用于任何狩猎或觅食场景。鉴于人类大都不再需要追捕猎物，便可享用晚餐，所以我们使用了一个更温和的方案：摘苹果。

下一页画着一个果园。别急着观察，请先用白纸盖住树木，只留下最左边的两棵。现在，抛硬币，确定第一棵树。

准备好了吗？你的任务就是在5个小时内，摘到尽可能多的苹果。这5个小时将被划分为15个时间段，每个时间段均为20分钟，由一个方格表示。每用完一个时间段，你就要在相应的方格中打钩。对于如何使用这一时间段，你有两种选择：

(a) 采摘苹果树上尚未采摘的最多的苹果数，并在相应的方格中打钩；

(b) 前往下一棵树：在“行走”箭头中打钩，抛硬币决定下一棵树。

例如，假如你通过抛硬币的方式选择了第一棵树，然后始终选择(a)，便会出现以下情形：

1.64 颗苹果，继续。

2.64+32 颗苹果，继续。

3.64+32+16 颗苹果，继续。

4.64+32+16+8 颗苹果，继续。

5.64+32+16+8+4 颗苹果，继续。

6.64+32+16+8+4+2 颗苹果，继续。

7.64+32+16+8+4+2+1 颗苹果，继续。

这时，你将面临两难的境地：面对着树上逐渐减少的苹果，我该留下来吗；或者浪费一段时间（走到下一棵树会花掉一个时间段），去往下一棵树？

果园前部	果园前部	果园前部	果园前部	果园前部	果园前部	果园前部	果园前部	果园前部
64	16	32	32	16	64	64	32	16
32	8	16	16	8	32	32	16	8
16	4	8	8	4	16	16	8	4
8	2	4	4	2	8	8	4	2
4	1	2	2	1	4	4	2	1
2	0	1	1	0	2	2	1	0
1	0	0	0	0	1	1	0	0
0	0	0	0	0	0	0	0	0

果园后部	果园后部	果园后部	果园后部	果园后部	果园后部	果园后部	果园后部	果园后部
32	32	16	64	64	16	64	32	16
16	16	8	32	32	8	32	16	8
8	8	4	16	16	4	16	8	4
4	4	2	8	8	2	8	4	2
2	2	1	4	4	1	4	2	1
1	1	0	2	2	0	2	1	0
0	0	0	1	1	0	1	0	0
0	0	0	0	0	0	0	0	0

当你用完 15 个钩，请停下来

答案

你一共摘到了多少颗苹果？假如硬币每次抛出的结果都对你有利，你最多能摘到 448 颗苹果。较容易实现目标是 300 颗，方法是：若某个时间段可采摘的苹果少于 16 颗，那就不要逗留，花时间前往下一棵树。除非你运气很差，否则一般都可以摘到这个数目。

在这项觅食任务（Patch-foraging Tasks）中，我们可实行最佳策略：若当前选择的效益低于机会成本（任务进行到一定程度时，计算出每个时间段能够采摘的平均苹果数，把这个数目作为机会成本），就前往下一个地点。例如，使用了 10 个时间段（有些时间花在采摘苹果上，有些时间花在行走上）之后，你采摘了 96 颗苹果，这意味着，每个时间段平均可摘得 9.6 颗苹果。因此，如果你在一个时间段里只能摘取 8 颗苹果，那毫不夸张地说，这棵树不值得你继续花时间；相反，将时间投资到寻找下一棵硕果累累的苹果树上才是更好的选择。

虽然少有人听过边际值原理（Marginal Value Theorem）[1]，但大多数人仍凭着直觉，很好地使用了该理论，至少在这类研究中是如此。不过，我们表现得并不完美。通过大规模的计算机模拟实验，研究人

①生态上的边际值原理认为，动物在迁徙领地前，会进行成本/效益分析，即综合考虑当前领土与新领土的食物供应情况以及迁徙途中所需的时间。——译者注

员发现，由于对同一棵树过度采摘，没有在适当的时候选择前进，人们实际采摘的苹果数量比他们本应摘到的要少 10%。有趣的是，研究人员还发现了一些极端的过度采摘者：他们很少寻找新的树，而是死守眼前的树，直到摘完所有的苹果为止。这项发现毫无疑问会牵涉到现实生活中的“最优停止问题”（Optimal Stopping Problem）。例如，人们应该何时终止当前工作、投资或婚姻中的损失，转而继续前行？将“采摘苹果任务”的发现运用在现实生活中，答案将是：比你计划放弃的时间要早一点。

其他动物当然也没有听说过边际值原理，但这并不妨碍它们运用该理论。事实上，它们应用得比大多数人类要好得多。恒河猴（接受训练后，也可以完成类似的电脑测试）、豚鼠、毛犰狳和许多鸟类的觅食行为与边际值原理预测的结果十分接近。所以，如果你需要更新车险，但又不想四处对比以找到最划算的，那就问问蓝山雀吧！

隐藏的葵花籽 48

从蓝山雀到大山雀，五花八门的鸟类都拥有着一种让人印象深刻的才能——记住储藏食物的位置。你做得到吗?

下面画有 100 个空格，其中 5 个藏有葵花籽。仔细观察后，在下一页放上一张书签，定下手机闹钟，一个小时后再来测试（想要挑战自己，可以在 24 小时后回来测试）。当闹钟响起时，你再翻回书签所在的页面，并在空白网格上标出葵花籽的具体位置。

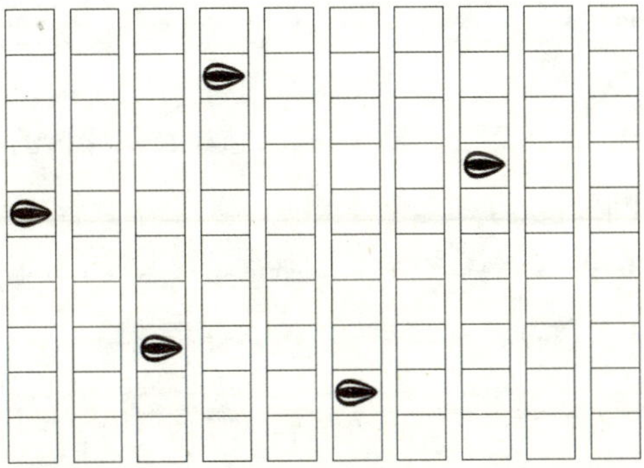

49 隐藏的葵花籽 2：大山雀是小偷

在实验中，大山雀会看到 10 棵人造树，每棵树的树干钻有 10 个洞（用布遮住洞，以防鸟儿看到食物）。一个小时后，大山雀的平均成功率为 30%；24 个小时后，大山雀的平均成功率为 20%。

你赢了大山雀吗？即便赢了，你也不要扬扬自得，因为，你有两个明显的优势：第一，大山雀不知道“游戏规则”是用最少的次数寻找种子，因此，它们很可能记住了种子的大致位置，之后再对种子周围的洞一一搜索。第二，你能利用语言来记住每颗种子的位置，例如，“第 3 列倒数第 3 个”“第 8 列倒数第 7 个”。你如果足够聪明，甚至还能使用联想记忆，例如，“亚瑟叔叔的住址是 33 号，即（3，3）”“坐在 87 路公交车上嗑瓜子”等；而大山雀只能依赖视觉空间。总体来说，大山雀的表现非常出色。

大山雀有何特殊之处？包括乌鸦、松鸦、星鸦和山雀在内的很多鸟类都是名副其实的“囤积者”，会在食物充足的情况下囤积食物，很少忘记储藏点。但大山雀的特殊之处在于，它并不是“囤积者”，而是小偷。大山雀能记住其他鸟类储藏食物的地点，然后盗取食物。在上述测试中，大山雀并不储藏食物，而是观看其他鸟类储藏食物。大山雀的记忆力让人眼前一亮，其原因在于：它没有“囤积者”的大脑机制（拥有较大的海马体），不能本能地储存并取回食物。因此，大山雀肯定是慢慢琢磨出了这种十分狡猾的策略。

你们可能会想，在这项试验中，不同的大山雀的表现会有差异。确实如此。研究人员做了另一项实验，发现雌性大山雀的表现远高于雄性大山雀：在前 10 次搜寻中，雌性大山雀平均成功了 4 次，雄性大山雀则为 1.5 次。令人意外的是，比起那些藏起食物的鸟类，雌性大山雀找起食物来毫不逊色。考虑到在这类“视觉空间记忆任务”中，雄鸟一般会表现得比雌鸟出色，上述发现着实让人意外。但是，为什么会出现这种情况呢？

答案是：雌性大山雀不得不这样做。雄性大山雀更具身体优势，在争夺常规的食物时，总能排挤掉雌性大山雀。如果雌性大山雀不想挨饿，它们就必须找到其他的食物来源，即其他鸟类囤积的食物。即便是那些有囤积习惯的山雀属鸟类，如褐头山雀，其占有支配地位的成员囤积的食物也远远少于其他成员。因此，我们可以认为，占有支配地位的成员很可能会欺负弱小，以换取饱餐一顿。这也解释了为什么在鸟类世界中，存在着“啄食顺序”（Pecking Order）[①]。

①指群居动物通过争斗获取优先权和较高地位等级的自然现象。——译者注

50 啄食顺序

“啄食顺序”来自于德语单词 Hackordnung，起源于人类对鸡的观察研究。群居动物大都出现了啄食顺序（或优势等级），后者决定了谁能最先获得资源，如食物和伴侣。

有了啄食顺序，个体便可以知道自己所处的地位，这意味着个体不必每次都为食物或伴侣争得头破血流了。不过，争斗偶尔也会产生。例如，狂妄自大的新手企图提高自己在啄食顺序中的等级。即使有了争斗，个体通常也会表现得较温和，有时甚至只是自我夸耀（例如展示体态、牙齿或叫声）。例如，鸡会通过用爪子抓挠对方，或跳到对方身上，或用喙啄对方，来建立啄食顺序。通常情况下，处于弱势的一方会及时认输（逃跑或者蹲下），以免受伤惨重。此外，鸡也会观察其他鸡之间的对峙，从而掂量自己的分量：母鸡很少招惹那个刚刚赶下前统治者的外来者。

正如我们在“谁的性格最稳定？”一节中所看到的，人类在优势等级这方面是个例外。虽然当家做主的“大哥”在不同的社会环境里都会出现，不过，人类的诸多发明，如金钱、社会阶层和学术声誉，使得那些孱弱的书呆子也能在一定的情况下占据支配地位。我们无法从个人层面衡量人的支配地位[①]，不过，我们可以测量人的社会支配倾向(Social Dominance Orientation)，即他们有多希望自己所信仰的道德观念、所在的民族或者宗教团体凌驾于他者之上（即人们有多重视团体的“啄食顺序”，而不是个人的“啄食顺序”)。填写下方的调查问卷，测出自己的社会支配倾向。

你赞同或否定以下哪些言论？在代表你赞同或否定程度的方格里打钩。

	完全否定	否定	轻度否定	中立	有点赞同	赞同	十分赞同
1. 一些群体确实不如其他群体。	1	2	3	4	5	6	7
2. 为了得到想要的东西，有时必须对其他群体动武。	1	2	3	4	5	6	7
3. 我能接受某些群体比其他群体拥有更多的机会。	1	2	3	4	5	6	7
4. 为了出人头地，有时需要以其他群体为踏板。	1	2	3	4	5	6	7
5. 如果某些群体安守本分，社会就会少一些问题。	1	2	3	4	5	6	7
6. 群体有上下之分，这也许是好事。	1	2	3	4	5	6	7
7. 低级的群体应该留在自己的位置上。	1	2	3	4	5	6	7
8. 有时，一些群体必须待在他们自己的区域内。	1	2	3	4	5	6	7
9. 群体平等是件好事。	7	6	5	4	3	2	1
10. 群体平等应该成为我们的目标。	7	6	5	4	3	2	1

①有人确实尝试过从个人层面测量人的“社会支配倾向”。例如，加利福尼亚心理调查表（California Psychological Inventory）和杰克逊人格研究量表（Jackson Personality Research Form）都测量了个人的支配性。然而，也许是因为难以限定，“支配性”这个概念没有成为主要的测量项目（参看“谁的性格最稳定？”一节）。——作者注

续表

	完全否定	否定	轻度否定	中立	有点赞同	赞同	十分赞同
11. 所有群体都应该享有平等的机会。	7	6	5	4	3	2	1
12. 我们应该尽己所能，为不同的群体争取平等。	7	6	5	4	3	2	1
13. 提高社会平等。	7	6	5	4	3	2	1
14. 假如我们平等待人，社会的问题一定会变少。	7	6	5	4	3	2	1
15. 我们应该尽力实现收入平等。	7	6	5	4	3	2	1
16. 任何一个社会团体都不能凌驾于他人之上。	7	6	5	4	3	2	1

加总 16 项分值，再除以 16，你得出的结果就是自己的社会支配倾向数值。如果结果大于 4，就表明你有重视“社会支配”的倾向。大多数人的得分要比 4 小得多。例如，研究人员研究了美国某所顶尖高校的学生，尽管学生群体原本就比其他人更重视自由、平等，但是这次研究所得的数据仍能说明一些问题。结果显示，他们的平均得分仅为 1.74。另一项研究对比了 20 个国家或地区的社会支配倾向，得分由高到低为：塞尔维亚、英国（真惭愧！）、印度尼西亚、中国台湾地区、美国、瑞士、意大利、新西兰、荷兰、土耳其、北爱尔兰、爱尔兰、中国、黎巴嫩、南非、西班牙、比利时、希腊、波黑、波兰。多么尴尬啊：英国竟然“打败了”美国，我们还时常嘲笑美国人过于爱国。

如果我们换个角度来看待这项研究，也许会更加有趣。该研究的最初目的是探究“社会支配倾向得分”与“性格、意识形态和对社会政策的看法”之间的关系。结果，研究发现，社会支配倾向得分越高，人们对他人和集体的关心程度就越低：他们不宽容、不喜欢奉献、缺乏贵族义务（Noblesse Oblige，即应该帮助贫穷或地位低的人），同时，也很少支持社会项目、种族平等政策（包括平权法案）、女权（包括同工同酬）、同性恋权利、环境项目以及种族联姻。得分较高的人往往更支持种族主义（歧视黑人）、民族主义、性别歧视、均等机会、爱国主义、文化精英主义、政治经济保守主义、军事计划和沙文主义，更倾向于给共和党投票，对法律与秩序持强硬的态度，反对移民和死刑。

因此，如果你因人类没有等级之分而生出优越感，这些发现也许会让你停下来思考一番。至少从群体的角度而言，部分人是支持“啄食顺序”的。

51 被迫“飞翔”的鸡

我们继续谈论鸡。现在，让我们探讨一个经典的难题。

农民开车前往集市，车里装着许多鸡。货车、农民和鸡的总重量为4 400磅。不妙！道路前面有一座危桥，危桥上贴着提示：载重不得超过4 000磅。农民灵机一动，想出了妙计：车里有100只鸡，每只重5磅，如果踩住油门，直接朝桥开去，并在到达桥的一端的瞬间用力敲打身后的货厢；那么，鸡群会受到惊吓，发出尖叫声，飞向空中。如此一来，车的重量就仅为3 900磅，而他只需赶在鸡群落地前，迅速将车开过桥即可。呼，好险！

这行得通吗？

答案

这当然行不通。不用问，即便货车是完全密封的，这种方法也无法实施——一切都还是老样子，除了车上的鸡都变成了死鸡，我们谈论的问题都失去了意义。

鸟儿想要飞起来，就必须向下推动空气，而空气作用于货车，将会增加货车的重量。一项关于鹦鹉的研究表明，鸟向下拍打翅膀时，会产生两倍于自身体重的向下推动空气的力。

农民还有一丝希望吗？也许吧。研究发现，鸟类向上拍打翅膀时几乎不会产生向下的力。理论上说，假如农民选好时机，待全部或大部分的鸡向上拍打翅膀时飞速冲过危桥，这个诡计就能奏效。然而，实际情况是：每只鸡拍打翅膀的时间都不一样，也就说，车的总重量基本上没有改变。

上面的解释太过抽象，可能说服不了你。建议你看看美国的电视节目《流言终结者》（*Mythbusters*），主持人就曾用鸽子做了这项实验。

52 眼尖的读者

无论农民的车厢发生了什么，车厢里的鸡群都能看得一清二楚。很少有人知道，鸡具有超强的彩色视觉（Colour Vision）。人只有三种视锥细胞（红、绿、蓝）①，鸡却有五种视锥细胞（红、绿、蓝、紫和黑白），这五种视锥细胞紧密排列，形成了镶嵌图案。

尽管鲜有人知，但鸡拥有出色视力的事实应该不至于令人吃惊。毕竟，鸡属于鸟类（虽然有点奇怪），而鸟类的视力一般都比人类好。所以，我们常用“眼尖的读者”（Eagle-eyed Reader）或“鹰眼”（Eyes Like A Hawk）来形容目光锐利的人。鸟类的视力优于哺乳类动物，原因很多。其一，鸟眼拥有更多的光感受器（Photo-receptors，类似一台像素更高的照相机）。其二，鸟类可以灵活调整晶状体的曲度，翠鸟等鸟类在空中和水里看得同样清楚。其三，鸟眼的后半部分比人类的更扁平，人眼的后半部分几乎呈球形。为更好地理解两者的差异，你不妨想象一下本地影院的平面屏幕被换成放大镜的情景，你会发现屏幕中间的小区域非常清晰，而外围则模糊得无法辨认。

人类的周边视力（Peripheral Vision）真的那么糟糕吗？在日常生

①实际上，有一些幸运的人拥有四种视锥细胞，详见网址：
http://www.popsci.com/article/science/woman-sees-100-times-more-colors-average-person?TCxHOGOOZkWMMoGX.03。——作者注

活中，我们肯定感觉不到。在我们看来，除了耳朵方向的边缘区，物体似乎都聚焦了。然而，这只是个错觉：眼球快速转动，使看到的物体都落在中央区；而大脑的巧妙处理，使我们很难注意到边缘区。事实上，人类的周边视力非常糟糕。你可以做个快速而简便的练习，亲身体验一下[①]。

下一页画有一张实物大小的纸牌（你手边有纸牌的话，也可以使用）。现在，将没有拿着纸牌的那只手放到眼前，距离以你平时拿纸牌的习惯为准，以方便观察。然后，盯着这只手，同时用另一只手将纸牌缓缓地移到这只手边。记住：不要移动视线！你可要提防自己偷瞄纸牌。如果你自制力强，完成了测试，那你就会发现，只有当纸牌真正摆在眼前时，你才能看清纸牌的大小或花色。

①这个练习来自于丹尼尔·丹尼特（Daniel Dennett）的《直觉泵和其他思维工具》（*Intuition Pumps and Other Tools for Thinking*）。——作者注

53 眼尖的读者：测试牌

大脑，一位魔术师 54

你看到了什么？

灰色菱形位于黑色正方形的上方，对吗？

A、B 两条直线，哪条更长？

答案

两条线长度相同，但大多数人认为A线更长。这是由于我们看不到A线的左边缘，便假定A线延伸到了黑色长方形的后面。当然，从意识层面，你知道这种判断是错误的：你需要知道，你看到的是二维图片，我无法将直线藏到长方形的后面，也无法将其延伸到页面之外。不过，即便意识到了这一点，我们也无法摆脱这种错觉，人总是会本能地认为物体有前有后。例如，你回想一下前面的黑色“正方形”，我可能会告诉你，那实际上并不是正方形，而是下面的图形：

但这并没有起什么作用，对吧？翻回前一页，你看到的还是灰色菱形放在了黑色正方形的前面，你的大脑会自动填补“隐藏的部分”。总体来说，完成现象（Completion Phenomenon，即自发填补图像）是一件好事。如果没有这种现象，我们哪怕只是在现实世界中遇到“一件物体从另一件物体的前面经过”等常见情景，也会茫然失措。完成现象让我们付出的代价是：当遇到一个物体（如直线 A）与另一个物体（如灰色的矩形）相连的情况时，我们很可能会被误导。

面对这种情况，鸡的表现则令人费解。在相关研究中，研究人员用食物训练矮脚鸡碧森（Bizen）和克里斯（Chris），让它们学会根据图形长短来啄击相应的按钮。在实验阶段，研究人员加进了灰色矩形，使之或与直线接触（如 A），或距离直线几毫米（如 B）。与人类相反，鸡倾向于认为直线 A 较短，而直线 B 较长。

针对鸡表现出的“反方向”错觉，我们至今仍未能找到满意的解释。不过，这种“反方向”错觉正好表明，鸡的大脑（或者说，鸟类的大脑）与人脑不同，不会自动填补物体的隐藏部分。那么，我们是否能因人可以填补相应的细节（一般情况下，这种细节确实存在），而认为人比鸡聪明？或者，因鸡不会受到屏幕或纸张上的二维画面蒙骗，而称鸡比人聪明？

无论答案是什么，正如我们在上一节（“眼尖的读者”）中所看到的，鸡的视觉系统（或鸟类的视觉系统）令人惊艳。但更让人惊艳的，也许是一些动物不用眼睛也能“看见”东西。通过练习，你可以……

55 你是“蝙蝠侠”吗？

除了超群的智力和无限的财富，DC 漫画公司[①]的蝙蝠侠就没有其他特殊能力了，而现实世界中的蝙蝠却有真正的超能力：通过回声定位（Echolocation），在黑暗中“看见”物体。蝙蝠会发出一连串的吱吱声，这种声音在遇到周边的物体后，会反弹给蝙蝠（参看网站链接的视频：蝙蝠利用回声定位捕捉猎物）。这套定位系统十分灵活。在搜寻昆虫时[②]，蝙蝠发声的频率较低，覆盖范围在 15 ~ 20 米；而在锁定猎物时，蝙蝠会将发声频率提高 20 倍，覆盖范围缩小到 1 米以内，同时确保每秒至少更新 10 次定位信息。

不过，并非所有蝙蝠都会使用回声定位。除了少数例外（如埃及果蝠），大蝙蝠通常不使用回声定位；小蝙蝠，如恶名昭彰的吸血蝠则普遍保留了这种技巧。

值得一提的是，部分人类也能使用定位技巧。一些盲人学会了利用咔嗒声来让自己“看到”周围的环境，这与蝙蝠的做法有着异曲同工之妙。近期，研究人员扫描了一些盲人的大脑，发现现实版的“蝙

①与漫威漫画公司（Marvel Comics）齐名的漫画巨头，建于 1934 年。——译者注
②蝙蝠使用回声定位不仅是为了捕捉昆虫，也是为了在眼花缭乱的黑暗洞穴中为自己导航。请参考 http://www.bristol.ac.uk/news/2015/october/obstacle-avoidance-by-bats.html。——作者注

蝠侠”和“蝙蝠女侠”并不具备超人的听觉，而是由于本来负责处理从眼睛输入的信息的脑区，学会了处理从耳朵输入的信息。

我们来试试回声定位。有专家认为，体验回声定位最好的办法是：在开车的同时，打开车窗。车子在行驶过程中发出的声音，一旦遇到建筑物和路边车辆等障碍物就会反弹回来，这时，你将会听到“嗖嗖”的回声。留心耳边的声音，看看将车驶到空旷地区时，你是否还能听到刚才的声音。此外，当车驶过树木或电线杆等圆柱形物体时，声音会从各个方向反弹回来，这时，你可以看看能否听到时有时无的声音；当车经过像电话亭这样的扁平物体时，你听到的声音会比较短促，且音量固定，这是因为只有在和该物体恰好呈 90 度角时，你才能听到回音。上述几项就是最基本的回声定位。

我们再来试试咔嗒声。你可以通过打响指或使用手制发声器等方式来发出咔嗒声，但需注意，你必须确保每次发出的声音是相同的。最常见的方法如下：用舌头顶住口腔顶部，迅速缩回舌头。舌头中部（不是舌尖）离开上腭后，会释放吸力，发出咔嗒声。在发声的过程中，你要保证舌头不会打到口腔的其他部位，还要张大嘴巴以发出高音调。高音调十分重要，因为低音调的咔嗒声是不定向的（也就是说，会很难判断方向），这正是定位过程中你需要极力避免的地方。

下面则是难点所在：利用回声定位“看到”物体。站在空旷的地区（也可以是空旷的停车场，因为高楼会反弹声音，干扰实验），把足球放到离你 3 米的地方。现在，以每秒钟 2 ～ 3 次的速率发出咔嗒声，并仔细辨析从足球反弹回来的声音。接下来，将足球换成大碗，重复以上步骤。你应该会注意到，比起足球，从碗内反弹回来的声音更大，频率也更多样。其原因在于：呈凹形的大碗能收集声音，并直接反弹给你（就像凹形的卫星天线或射电望远镜那样，能将收到的信号集中到接收器上）；而足球的凸面会使声音向各个方向分散。

如果你准备好了，那就开始测试吧：找个朋友，让他举着球或碗，走到离你 3 米远的地方；接着，你需要发出咔嗒声，并判断出摆在前面的是球还是碗。就这样重复 10 次。如果你猜中了 9 次及以上，那么恭喜你，你就是一个“回声定位者”[①]。

当然，想要有效地使用回声定位，你需要进行多年的专注练习。对于盲人而言，这种能力有着巨大的潜在回报：投入了大量时间的人，将能在完全没有帮助的情况下自如地行走于世界各地。例如，曾有一个非常引人注目的视频（参看网站链接），展示了盲人丹尼尔·基什（Daniel Kish）在家附近欢快地骑着自行车的情景。

基什指出，许多人都对人类的回声定位能力持怀疑态度。然而，科学最终证明，这确实是真实的。更甚者，有研究表明双目失明的“回声定位者”和视力正常的人一样，也会出现视觉错觉。以“形重错觉”（Size-weight Illusion）为例，我们在面对两个重量相同的物体时，总会觉得体积较小的物体比体积大的物体重（你可以试试）。我们会习惯性地认为体积小的物体比较轻，所以，当遇到体积小但较重的物体时，我们通常会感觉：“哇，真重啊！”进而又高估其重量。该研究发现，双目失明的“回声定位者”利用咔嗒声“观察”重量相同、大小不一的物体时，也会出现同样的错觉。

最后，我们说回蝙蝠。你知道吗，蝙蝠并不像人们经常说的那样是瞎的。蝙蝠的眼睛其实并没有毛病，它们不过是喜欢在白天睡觉、晚上觅食罢了（这无疑进一步恶化了它们的公众形象）。如果有人骂你“像蝙蝠一样瞎”，那就把它当作赞美吧，因为这句话的实际意思是：一点也不瞎，无论白天还是黑夜，你的视力都很棒。

---

①为什么要 9/10 的正确率？因为即便只是随便猜，你也有 5/10 的正确率。要达到统计学要求的统计显著性，9/10 的正确率是最低要求。——作者注

网站链接：

本节内容以蒂姆·约翰逊（Tim Johnson）的免费在线入门教程为基础：

http://www.humanecholocation.com/introduction-to-echolocation/

你能看到丹尼尔·基什使用回声定位骑自行车，也可以到他的网站上了解更多资讯：

https://v.qq.com/x/page/o0524eskhmv.html

http://www.worldaccessfortheblind.org/

56 大象不会忘记

说到这里，我想问问，你听过“盲人摸象”这则寓言故事吗？故事起源于印度，可能来自耆那教或佛教，也有可能来自苏菲派和印度教。在故事中，一群盲人被叫来摸大象，然后各自描述自己摸到的东西。不同的盲人摸了大象的不同部位，如腿、尾、象牙、躯干等，最终，他们得出了截然不同的结论，如树、绳子、矛或蛇等。这则故事的寓意何在？你自己选吧：可能是想教育我们互相交流，也可能是想告诉我们要尊重不同的观点，又或者是想让我们知道一个说法既可以是对的，又可以是错的，即事物的二元性（如波粒二象性：光既有波的特性，也有粒子的特性）。因此，上述故事本身就是一个隐喻：每个人都有自己的解释，这些解释不会面面俱到。

假如上面的故事把你弄得晕头转向，那么不妨转移思绪，来看看另一则与大象有关的格言：大象从不忘记（An elephant never forgets）。这格言的含义非常明确，也很真实。虽然大象也会忘事，但它们确实有着不可思议的记忆力。例如，在一项研究中，研究人员耍了个把戏，把大象的家庭成员的尿液洒在了多个地点。当大象经过这些本该没有尿渍的地方时，它感到十分惊讶（“苏珊整个早上都待在那儿，她应该不可能来过这儿啊”）。研究人员推断，大象不仅能辨认 30 名伙伴，而且能记住它们所在的位置。大象的表现真使人类相形见绌（设想一下，你正在和 30 名朋友或家人出门旅行，而且时刻了解每个人的动向）。

另一种具有超强记忆力的大型哺乳动物是大熊猫。曾有研究发现，维也纳动物园的雄性大熊猫龙徽能认出一年前看过的虚拟大熊猫的脸。该研究表明，大熊猫能通过与众不同的黑眼圈认出对方。你做得到吗？去网上找找圣地亚哥动物园的大熊猫高高的照片，然后看看你能否认得出下面哪一只是它。（把书倒过来，就能看到答案）

说回大象。你知道有些大象总是顺时针转动象鼻，而另一些却总是逆时针吗？这是事实。不过，大象为什么要这样做？

答案：右图是高高

57 动物也有惯用手

下面，你可以给家里的小猫做个简单（无痛）的实验。首先，拿点零食或玩具在它面前晃悠，这样一来，它就会乞求你，或试着用爪子抓挠零食与玩具。接着，将零食或玩具更换地点，重复上述实验。答案马上揭晓，不过，现在你需要默默记下小猫在实验过程中摆出的姿势（也可以拍下来）。

如果家里没有养猫，你就亲自上阵：很简单，到厨房拿饼干吃即可。拿、吃，搞定!

现在，是时候做出判断了：动物有惯用手（或惯用爪子）吗？也就是说，你总是习惯用同一只手拿取美味的零食，你家的猫也会这样吗？假如让树鼩来做这个实验（用大黄粉虫当诱饵——味道真棒!），它是否也经常使用同一只手？

答案

直到 20 世纪 80 年代，大多数人依然认为，利手现象只会出现在人类身上。不过，就像本书讨论的多种人类特征一样，科学发现逐步消磨了“它们是人类所独有的”这种说法。现在，我们知道，很多动物都有经常使用其中一只手（或脚）的习惯，包括章鱼、蟾蜍、乌龟、鸽子、鸡、鹦鹉、蝙蝠、倭狐猴、狗、大象（习惯顺时针或逆时针转动象鼻）以及多种类人猿。噢，还有猫和树鼩。

相似之处不止于此。人类对某只手的偏爱并非一成不变，而是会随着环境而改变。当灯光很暗，看不见需拿取的物体时，我们几乎不会使用非利手。而一旦视觉信息充足，又有位置之便，我们就十分乐于使用非利手。例如，当右手正在移动鼠标时，我们会用左手拿起咖啡杯。在自然界中，有几种猴子，包括白臀长尾猴和松鼠猴也表现出了这种行为模式，不过，树鼩则没有类似的表现（选中树鼩作为研究对象，是因为树鼩是灵长类动物的近亲。说来奇怪，树鼩根本不属于鼩鼱科）。这表明，自进化树上出现灵长类动物这一分支后，这种灵活的、能根据视觉信息做出改变的用手习惯便被进化出来。

人类的用手习惯有什么独特之处吗？可能有，但这表现在群体水平上：大约 90% 的人自称是右撇子。如果找来一群躁动不安的鹦鹉、一群专搞破坏的猫或一群在草地上玩耍的鼩鼱，你会发现左撇子和右撇子的比例大致相同。上个世纪，人们可以理直气壮地说，群体水平上的用手习惯是人类所独有。然而，在近 15 年里，真相越来越明晰：这种说法无疑是错误的。今天，已有确凿的证据证明，黑猩猩在群体水平上也表现出了类似的用手习惯（近三分之二为右撇子，尽管数据会因实验类型而波动）[①]。另一方面，倭黑猩猩却没表现出群体水平上的用手习惯，尽管它们和黑猩猩一样，都是血缘上最接近人类的物种。

探究利手现象不仅是为了满足好奇心。黑猩猩和倭黑猩猩的区别可以帮助我们解释，为什么大多数人都是右撇子。一个理论认为，人类的右利手与工具的使用同步形成：控制我们使用工具的脑区主要是左半脑，后者控制着右手（同样，右半脑控制左手），因此，工具使用得越多，右撇子就越多。另一个理论则认为，人类的右利手与语言同步形成：还是一样，控制语言和右手的脑区主要是左半脑，因此，语言使用得越多，右撇子也就越多。

那么，究竟哪种理论是正确的？黑猩猩以右撇子为主，倭黑猩猩则不然，这种现象支持了上述的“工具使用论”。为什么？人们普遍认为，倭黑猩猩的语言能力胜于黑猩猩，而黑猩猩使用工具的能力强于倭黑猩猩。人类和黑猩猩都出现了右利手现象，倭黑猩猩却没有，这表明，右利手现象与使用工具的联系更大。实际上，黑猩猩在野外使用工具时，就向我们展示了惯用手的证据。比如，将叶子当作海绵来擦洗身体，将嫩苗当作勺子来舀蚂蚁以及用枝条当鱼竿来钓蚂蚁。

现在，让我们举起右手，向我们心灵手巧的灵长类祖先致敬。最初，它们只是为了获得美味而使用利手，而大约 700 万年后，我们大都有了偏好使用右手来进食的本能。

①另一个（也许不太可能）例子是袋鼠，大多数袋鼠似乎都是左撇子：http://www.bbc.co.uk/news/science-environment-33169547。——作者注

左撇子略逊一筹？ 58

人类的利手现象为我们提供了很多关于群体的信息，但这种现象能提供一些关于个体的信息吗？比如，用手习惯与人的性格存在着联系吗？

在“谁的性格最稳定？”一节中，我们使用最流行的 OCEAN 模型，将人类和其他动物的性格分类。OCEAN 模型测量了每个人或每只动物的开放性、尽责性、外倾性、宜人性和神经质。然而，还有一套系统同样广受欢迎。杰弗里·艾伦·格雷（Jeffrey Alan Gray）的生物心理学理论十分吸引人，它分析了两套相互竞争的大脑系统所呈现的相对优势，试图从生物学上解释性格。怀疑者无疑会将之视为最糟糕的生物还原论（Biological Reductionism）[①]，不过，接下来我们将看到格雷的理论极具说服力。那么，这两套相互竞争的系统是什么？在找出答案之前，你先测试一下！

调查问卷包括多条陈述，你可以认同也可以反对。在每条陈述中，你都可以选择自己认同的程度或反对的程度。请填完问卷，切勿留下空白。每条陈述只能对应一个答案，请

①现代生物还原论借用分子生物学取得的成就，认为就像遗传过程可以还原为化学相互作用一样，所有生物现象都可归结为物理—化学运动。——译者注

尽可能如实回答。将每条陈述都视为最后一条，这也就是说，不用担心你的选择与前面的回答不“一致”。

1. 家庭是人一生中最重要的东西。	1	2	3	4
2. 就算即将发生不好的事情，我也很少感到恐惧或焦虑。	4	3	2	1
3. 我会一心追求自己想要的东西。	1	2	3	4
4. 如果某件事我干得不错，我就会继续做下去。	1	2	3	4
5. 如果我觉得有趣，我就会去尝试新事物。	1	2	3	4
6. 我很重视穿着打扮。	1	2	3	4
7. 当得到想要的东西后，我会感到十分兴奋、精力充沛。	1	2	3	4
8. 批评或指责对我的打击很大。	1	2	3	4
9. 我会竭尽全力争取自己想要的东西。	1	2	3	4
10. 我通常只做有趣的事。	1	2	3	4
11. 我很少有时间去剪头发等。	1	2	3	4
12. 如果有机会得到自己想要的东西，我会马上行动。	1	2	3	4
13. 如果我认为或知道有人在生我的气，我会感到十分忧虑和沮丧。	1	2	3	4
14. 知道有机会得到自己喜欢的东西，我会感到很兴奋。	1	2	3	4
15. 我常常心血来潮。	1	2	3	4
16. 一想到将会发生一些不好的事情，我就会十分愤慨。	1	2	3	4
17. 我常常会感到好奇，为什么会有人那样做事呢。	1	2	3	4
18. 我身上发生的好事对我的影响巨大。	1	2	3	4
19. 当我认为自己把重要的事情弄得一团糟时，我就会很焦虑。	1	2	3	4
20. 我渴望新鲜和刺激。	1	2	3	4
21. 追求自己想要的东西时，我不喜欢诸多限制。	1	2	3	4

续表

22. 和朋友相比，我害怕的东西很少。	4	3	2	1
23. 赢得比赛，我会兴奋不已。	1	2	3	4
24. 我担心出错。	1	2	3	4

首先，请忽略问题 1、6、11 和 17。这些问题是“干扰项”，只是为了预防你找出规律。“干扰项”在许多心理实验中扮演着重要的角色，但很少出现于性格测试中。

加总你在问题 2、8、13、16、19、22 和 24 的得分，这个分数可以衡量你的行为抑制系统（Behavioural Inhibition System，以下简称 BIS）。男性的 BIS 平均分为 18 分，女性为 21 分。这套大脑系统测量的是人类避开无聊、痛苦、新奇且让人害怕，或让人不愉快的事物的倾向性。BIS 得分越高，人们对不愉快的事物就越敏感，因而会费尽心思去避开它。如果难以摆脱，或无法摆脱这类困境，这类人的焦虑水平就会变得特别高。在一项研究中，受试者一旦无法完成学习任务，就得接受痛苦但无害的惩罚（将手放在冰盆中 1 分钟），此时，BIS 得分高的受试者会表现得格外焦虑。

与 BIS 相对的是行为激活系统（Behavioural Approach System，以下简称 BAS）。BAS 测量的是人类追求令人满意、有趣或具有奖励性质的事物的倾向性。BAS 可以划分成以下三个部分，请……

- 加总你在问题 3、9、12 和 21 题的得分，测出你的冲劲。平均得分为 12 分，男女得分无差别。
- 加总你在问题 5、10、15 和 20 的得分，测出你追求有趣事物的程度。平均得分为 12 分，男女得分无差别。

- 加总你在问题 4、7、14、18 和 23 的得分，测出奖励能在多大程度上激励你。男性平均得分为 17 分，女性平均得分为 18 分。

BAS 得分较高的人奋发努力，展现出了更多的积极情绪，如乐观和快乐，特别是在面对明确目标的情况下。研究发现，一旦在学习任务之中或之后（不在任务之前）设置了奖赏机制，BAS 得分高的参与者会更加快乐。

BIS/BAS 性格研究法（我喜欢称之为 BISh-BASh-bosh[①]方法）一个特别有趣的方面在于：这两套对立的系统并不只是假设的理论。BIS 的抑制 / 避免系统和 BAS 的接近 / 奖赏系统是真实存在的两套大脑系统，可以利用核磁共振成像（MRI）等扫描技术测量相关的活动。通过扫描，研究人员发现与 BAS 和 BIS 有关的主要活动区分别存在于人的左右脑。如果左半脑的某个区域（头皮前额叶区域）比右半脑的相应区域更加活跃，那么参与者就有较高的 BAS 得分，较低的 BIS 得分。

上述发现引出了一种有趣的猜想：鉴于右撇子的左半脑更具优势，左撇子的右半脑更具优势；加上右撇子在 BAS（如驱动力、奖赏和追求乐趣）上的得分更高，而左撇子在 BIS（如焦虑和逃避）上的得分更高，我们推测用手习惯与人的性格可能存在着联系。不过，我们难以在人类身上验证，这部分是因为我们特别善于隐藏自己的焦虑感，部分是因为高校伦理审查委员会不赞成将受试者置于可能引起焦虑的不良环境中。

一个较好的解决方法是在狨猴身上进行实验。狨猴是一种体型很小的猴子，因为我们可以轻易将其置于陌生地区等易于引发焦虑的环

①口语用法，用来表示愉悦的心情，多指结果比预期要好。——译者注

境中。通过研究，我们发现左撇子猕猴确实比右撇子猕猴更容易感到焦虑。左撇子猕猴极不愿接近、嗅探或品尝不熟悉的食物，在听到鹰叫时，僵立的时间也会更长（好吧，鹰叫声是录制的，由卑鄙的研究人员播放）。

另一个解决方法是，找出用手习惯与 BIS/BAS 得分之间的联系。这里存在着一个复杂的干扰因素：人与猕猴不同，不能简单划分为左撇子和右撇子。许多人在一些情况下习惯使用左手，在另一些情况下习惯使用右手。不过，相关研究的确发现，左撇子的 BIS 得分总体上要高于右撇子，而右撇子有不少于一项 BAS 得分（追求乐趣）要高于左撇子。但是，请先不要激动。正如这类研究经常出现的情况一样，左右撇子的得分虽然具备显著性差异，但这种差异很小。当你下次遇到左撇子时，千万不要立即下结论，认为对方是个容易焦虑、胆小且内向的人。除非，你遇到的是猕猴。

59 你好，情敌

许多人，无论是左撇子还是右撇子，都会反复受一个问题的困扰，那就是担心自己的伴侣被情敌攻陷。异性恋男性担心的问题更可能是被戴绿帽子，糊里糊涂地养大了另一个男人的孩子。

这类话题一直以来都是人们研究的焦点，不仅因为心理学家对人类的性生活感兴趣①，还因为人类和其他动物在这方面的类似行为再次印证了性选择理论，后者有利于揭示我们的由来。为了找出问题的答案，男性伴侣需要填写下面的调查问卷（是否分享答案，决定权在你的手上）。②

1. 分值从 1（最低程度）到 10（最高程度）：

(a) 你觉得自己的伴侣有多大的外表吸引力？

(b) 你觉得自己的伴侣有多大的性吸引力？

(c) 其他男性觉得你的伴侣有多大的外表吸引力？

(d) 其他男性觉得你的伴侣有多大的性吸引力？

①人类天生喜欢谈论谁和谁睡了，一个主要原因很可能是为了避免被戴绿帽。——作者注

②最初的研究只关注了一夫一妻制的异性恋夫妇。你们要是属于其他类型的配偶，当然也可以填，但要记住，得出结果不一定对你们适用。——作者注

算出平均值（将所有得分加起来除以4），得到伴侣的总体吸引力。

2. 你的伴侣有多少名？

（a）男性朋友。

（b）男同事。

将这两个数字加起来，算出潜在情敌的数量。

3. 在过去的一个星期，你与伴侣有多少次性生活？

答案

在探究性生活前，让我们先来看看奥克兰大学心理学家进行的一项研究：让约400名男性青年（平均年龄24岁，与伴侣在一起的时间平均为3年）做调查问卷。

首先，研究人员将这群男性青年分成了两组，其中一组的女性伴侣吸引力较高（吸引力得分在9分左右），另一组的女性伴侣吸引力较低（吸引力得分在7分左右。不出所料，几乎没人会给伴侣评5分或5分以下）。通过这种方式，研究者发现了一种有趣的现象：女性拥有的男性朋友和男同事越多，她和伴侣发生性关系的频率就越高；不过，这种模式只适用于“吸引力较高组”。至于“吸引力较低组”，男性朋友或男同事的数量和与伴侣发生性关系的频率无关。对此，研究人员的浪漫说法是“成对交配频率”（In-pair Copulation Frequency）。

从数字上看，在“吸引力较高组”中，拥有较少男性朋友和男同事（少于37个）的女性与伴侣发生性关系的平均频率略低于每周3次。拥有较多男性朋友和男同事（大于或等于37个）的女性与伴侣发生性关系的平均频率稍高于每周4次。在“吸引力较低组”中，女性和伴侣发生性关系的平均频率为每周2次，与男性朋友或男同事的数量无关。此外，女性与伴侣在一起的时间也是影响因素：平均每过一年，每周发生性关系的次数会减少约 1.5 次。[①]这是怎么回事？

研究人员给出的答案是精子竞争（嘿，别打我，我只是实话实说）：如果女性魅力无限，男性伴侣就会“担心”她和其他男性发生性关系。不好意思，没法把这事说得文雅：漂亮的女性在日常生活中遇到的男性越多，就越有可能携带他们的精子，因此，男性伴侣更需要保证自己的精子拥有最佳的竞争机会。“担心”两个字标上了双引号，这是因为，现代社会中拥有忠实关系的男性通常会自信地认为，伴侣不会在自己转身离开后，立刻与男性朋友或同事发生性关系。男性的“担心”是进化的烙印：假如女性伴侣很有魅力，且周围都是潜在的情敌，男性就会渴望与伴侣发生更多的性关系。

上述言论听起来像是带有性别歧视的连篇废话，似乎在暗示男性完全控制着性关系的发生频率。研究人员承认，上述现象还有另一种解释：魅力无限的女性在得到男性朋友或男同事的注意后，激起了自身的欲望，从而主动与自己的男性伴侣发生性关系。然而，这种说法似乎更有性别歧视的倾向，暗示着女性将男性朋友或男性同事的注意视为性刺激，而不是一种令其讨厌的行为。

实际上，根据最初的解释——精子竞争理论，“额外”的性行为源于男性在进化意义上的不安全感，但这并不意味着发生性关系的次数完全或大部分由男性说了算。这种解释只能说明男性拥有部分发言权，事实也是如此。伴侣主动求爱时，女性可以选择接受或拒绝。无论你是否愿意接受精子竞争假说，我们都几乎可以确定，这一假说适用于其他物种，例如野生动物。英国著名的《自然》（*Nature*）杂志曾发表一项研究，指出随着竞争者（另一些雄性动物）的增加（从 0 个增长

①解释这类平均值时我们要小心，因为，无论你们在一起多久，即使是最无望的一对伴侣，每周发生性关系的次数也不会低于零。——作者注

到 1 个，再到 3 个），占支配地位的雄性动物每次交配时的射精量也会增加。此外，还有一项类似的研究发现，比起面对着仅含三名女性的色情图片，男性在对着含有两男一女的色情图片（即精子竞争的情境）自慰时，会射出更多的活性精子。

伙计，如果你和伴侣正想着要个小孩，也许现在就是个好时机：做爱时，不妨想想一直潜伏在潜意识中的三人性爱。不过，潜在的缺点在于：第三者通常都是身强力壮的男性。你不会介意的，对吧?

草鸡爸爸 60

从进化的角度来看，男性之所以参与这种“听起来黏糊糊”的精子竞争，是为了得到一个或多个后代。但在这之后，谁会成为好爸爸呢？谁会第一时间清理肮脏的尿布呢？为了找出答案，我们的女性读者需要先做调查问卷的第一部分。

分值从 1（最低程度）到 10（最高程度）不等：

(a) 你觉得自己的伴侣有多大的外表吸引力？

(b) 你觉得自己的伴侣有多大的性吸引力？

(c) 其他女性觉得你的伴侣有多大的外表吸引力？

(d) 其他女性觉得你的伴侣有多大的性吸引力？

算出平均值（将所有得分加起来除以 4），得到伴侣的总体吸引力。

答案

坏消息：近年来，有研究发现，越有魅力的男性越不尽职。好消息：这是针对蓝黑草鹀（Blue-black Grassquits，一种小型鸟类）做的研究。据我所知，相关研究至今仍未在人类身上进行过（你要是发现了，请务必通知我）。

研究人员以蓝黑色羽毛的色泽来衡量雄性蓝黑草鹀鸟的吸引力，以造访巢穴，喂养幼鸟的次数来衡量雄性蓝黑草鹀鸟作为父亲的称职程度。没错，雄鸟的羽毛越艳丽，就越倾向于将育儿任务交给鸟妈妈。为什么？雄鸟的“目标”，或者说基因的“目标”（雄鸟稀里糊涂地成为了基因的中间人）就是繁殖尽可能多的可育后代，从而将基因扩散出去。从这个角度看，仅喂养一个孩子，特别是在鸟妈妈会承担喂养工作的前提下，对雄鸟来说十分浪费时间。与其如此，雄鸟倒不如去搞搞“婚外恋”（蓝黑草鹀名义上是一夫一妻制的）。越有魅力的雄鸟，越有可能这么做。只有那些相对俗气的雄鸟才会老老实实地养育现有的孩子，即便它外出寻找更多做父亲的机会，也可能会无功而返。

这种“成本效益分析”[①]适用于人类吗？天知道！不过，这种理论即便不适用于现在的人类，也很可能适用于我们的祖先。毕竟，如

①通过比较项目的全部成本和效益来评估项目价值的一种方法。——译者注

果回溯人类和蓝黑草鹀共同的祖先，我们将发现，这一消失已久的物种中的雄性个体也面临着同样的难题：是繁殖更多的孩子，还是老老实实做现有孩子的好父亲？

有趣的是，最近的一项研究发现，就人类而言，一名男性是否会成为好父亲，并不取决于他的长相，而是取决于他的孩子看起来，或闻起来有多像自己。这项研究是在非洲塞内加尔的一个农村进行的。与大部分农村一样，这里的资源十分有限（比如食物），且一般掌握在男方手里。父亲会强烈偏爱那些确定是自己亲生的孩子：虽然这里禁止一妻多夫[1]，但并不能完全杜绝婚外情。在测量外貌相似性时，评分人员首先会看到一组照片，然后选出照片中的孩子分别对应哪个父亲（三选一，越多的评分人员选择正确，就表示父子或父女长得越像）。在测量气味相似性时，评分人员也采取了类似的方法，不过，其使用的道具是孩子及其父亲穿过的 T 恤。之后，研究人员会询问母亲，以了解父亲在孩子身上投入的时间、情感支持和金钱。不出所料，长相越相似或气味越像，父亲的投入越高。

让我们在更为暖心的气氛中结束这一节。证据表明，无论男性是否长相出众，“看起来是个好父亲”本身就很有吸引力。在相关研究中，男性会在咖啡馆中偶遇自己的“姐姐或妹妹”，他可以忽视“姐姐或妹妹”的孩子，也可以轻声软语地逗弄他们。当然，这一切都是为了附近桌的女性而精心设计的。之后，男性会走向女性，询问对方的电话号码。结果也许并不令人意外：那些与婴儿互动的男性，得手的概率更高。所以，伙计，如果你想约会，可千万不要学蓝黑草鹀，而应该向喜欢的对象证明自己是一位绝世好爸！

①而男性可以拥有多个伴侣。也就是说，允许一夫多妻，但不允许一妻多夫。——作者注

61 海狮打节拍

我们换个话题，来谈谈音乐吧。如果你想组织动物流行乐团或摇滚乐队，海狮是个很好的选择，因为……它们会打节拍。你做得到吗？

若想找出答案，你得先打出拍子来。你需要秒表，手机里的计时器就可以用。让我们每分钟来个 120 击（120bpm[①]）。你有两种方法可以做到这一点。

第一种比较有趣，即选择一首 120bpm 的歌，然后跟着它打拍子。你可以选择艾瑞莎·富兰克林（Aretha Franklin）[②]的《尊重》（*Respect*），这首歌有着振奋人心的节奏，是个不错的选择；你也可以选择小野猫组合（The Pussycat Dolls）[③]的《难道你不？》（*Don't Cha*）、涅槃乐队（Nirvana）[④]的《保持本色》（*Come As You Are*）、邦乔维乐队（Bon Jovi）[⑤]的《这就是我的生活》（*It's My Life*）、雪瑞儿·可洛（Sheryl Crow）[⑥]《我唯一想做的》（*All I Wanna Do*）、凯蒂·佩里（Katy Perry）[⑦]

①bpm 是每分钟的节拍数。——译者注
②第一位入选摇滚名人堂的“灵魂乐皇后”。——译者注
③公告牌得奖主及格莱美奖提名女子组合。——译者注
④美国的摇滚乐队，于 1987 年在华盛顿州的阿伯丁组建。——译者注
⑤当代美国摇滚乐队，1983 年组建，逐渐占据市场。——译者注
⑥出身音乐世家，在第 37 届格莱美奖中拿下“最佳新进艺人”“最佳流行女歌手”和“年度唱片”三项大奖。——译者注
⑦美国流行女歌手、演员兼词曲创作者。——译者注

的《少年梦》(*Teenage Dream*)、泰欧·克鲁兹(*Taio Cruz*)[①]的《炸弹》(*Dynamite*),或者,如果你真的想尝试,也可以选择卡莉·蕾·吉普森(Carly Rae Jepsen)[②]的《有空给我来电》(*Call Me Maybe*)[③]。加入你手头上没有这些歌曲,那你就只能采用比较无聊的办法了:对着秒表,每秒打两拍。

请反复练习,直到掌握了节奏。等到有信心打出 120bmp 时,你就可以启动(或重新启动)秒表,数出 60 拍。记得不要看着秒表,努力把握节奏(唱出或哼出你选中的歌曲,可以帮助你掌握节奏)。当数到 60 拍时,按停秒表。这时,如果秒表上显示的是 30 秒,那就说明你完美地掌握了节奏;如果低于 30 秒,就说明你的速度过快;如果高于 30 秒,就说明你的速度慢了。大多数人都偏快,虽然我亲自尝试的结果是 31 秒,偏慢,但这很可能是因为我一直控制自己不要加快速度。

加利福尼亚的海狮罗南(Ronan)在接受训练后,可以跟着 120bpm 的节拍器(或"节拍音轨")点头。不过,罗南很快便学会了跟着音乐节拍点头,它熟悉的歌曲包括后街男孩(Back Street Boys)的《每个人》(*Everybody*,108bpm)和地、风与火乐团(Earth, Wind and Fire)的《布基乐土》(*Boogie Wonderland*,130bpm)。最让人眼前一亮的是,即便移走了节拍器,罗南照样能数出相应的节拍。不过,它面临的考验比较简单,只需跟上节奏即可。

你也许会认为,这听起来有些轻率。心理学家,而且是著名的加利福尼亚大学的心理学家,为什么要浪费时间去训练海狮,让它跟着后街男孩的曲子打节拍呢?事实上,这项发现颇具突破性。我们早已

①被誉为"R&B 新贵"的英国歌手。——译者注
②加拿大歌手,曾获"最佳新晋艺人录影带大奖"。——译者注
③给婚礼 DJ 一点提醒:这都是精选歌曲,有相似的节奏,甚至可以混在一起。——作者注

知道，人类和包括凤头鹦鹉、虎皮鹦鹉在内的鹦鹉都能打出节拍，猴子则有些吃力。这就有了下述假说：物种只有在进化出负责学习声音，特别是模仿声音的大脑机制后，才具备“打出节拍”这种能力。海狮罗南不会模仿声音，却能打出节拍，这否定了上面的假说，进而证明：“打出节拍”这种能力源于大多数物种所共享的计时机制（Timing Mechanisms）。

太好了，我们的夙愿——组建一支全由动物组成的乐队，并没有破灭。在《格林童话》（*the Grimm Fairy Tale*）里，驴、狗、猫和公鸡前往德国不莱梅（Bremen）组建了乐队。我们也可以做到。

当然，任何动物乐队都需要一名歌手……

鸟才是王道[1] 62

我们知道，鸟类大都擅长歌唱。那么，你的歌唱水平又是如何呢？

可以从 www.mylittlekaraoke.com 免费下载卡拉 OK 软件，看看自己能把《铃儿响叮当》（*Jingle Bells*）唱得怎么样。如果你的得分低于 5 000（当前最高得分接近 10 000），那么我郑重宣布，你唱得不如鹦鹉格鲁乔（Groucho）。格鲁乔不仅很好地演绎了这首节日欢歌，它还会歌唱 *Campdown Races*、*Yankee Doodle Dandy*、*Alouette* 和 *How Much is that Doggy in the Window*（嘿，有没有发现鹦鹉的品位很高）。

格鲁乔演绎歌曲是个新鲜事。不过，鸟类鸣叫都有着重要目的，更确切地说，有两个重要目的。第一个目的是争夺地盘。鸟类大都有领地观念，雄鸟会阻止其他雄鸟进入自己的势力范围。该势力范围既可以是巢穴附近的狭小区域，也可以是用来筑巢或交配的较大区域，甚至可以是用来求爱、喂食和觅食的多功能区域。鸣禽[2]一般拥有较大的地盘，会使用歌声来吓退对手。实验表明，如果给雄性夜莺播放其他雄性夜莺的鸣叫声，它会立即将自己的声音提高 5 个分贝。英国喜剧演员拉塞尔·布兰德（Russell Brand）曾指出，夜莺那“哀怨的歌声”

①澳大利最大的广播网“南十字星广播公司”（Austereo）的一个频道《鸟才是王道》（*Bird Is the Word*），专门播放各种鸟叫声。——译者注
②雀形目鸟类，种类繁多，包括 83 科。——译者注

给了济慈（Keats）灵感，后者写下了脍炙人口的《夜莺颂》（*Ode to a Nightingale*）。值得一提的是，这种"哀怨的歌声"其实意味着"滚一边去，这是我的树"。这确实起了作用：研究人员在对乌鸫进行研究后，发现只要他们播放的鸣叫声足够大①，受试对象就会"滚到一边"，赶紧将地盘让给对手（假想敌），以免受到伤害。最让人眼前一亮的也许是一项针对褐斑翅雀鹀（Chipping Sparrows，北美产小麻雀）的实验，该实验发现，歌唱水平极高的雄鸟偶尔会冒险来到邻居的地盘，帮助这些不怎么会唱歌的邻居吓退较强的歌唱对手。这不太可能出于利他主义，更有可能是它们考虑到，比起一个可能觊觎你地盘的歌唱能手，有一个不太会唱歌的邻居作为第一道防线更有保障。显然，它们不会帮助比自己更加擅长歌唱的邻居。

雄鸟鸣叫的第二个目的是吸引雌鸟（多少跟第一个目的相关）。很多种类的雄鸟都会进行歌唱比赛。比赛的赌注很大。一项关于黑顶山雀（Black-capped Chickadees，据说实行一夫一妻制）的研究发现，雌鸟在看到伴侣输掉比赛后（卑鄙的研究人员播放了录音），更有可能"背叛"自己的伴侣，给这只可怜巴巴、毫不知情的雄鸟戴上绿帽。

然而，想要捕获雌鸟的芳心，仅一首好歌就足够了吗？在这里，鸟类遵循的第一个原则是"越多越好"。在紫翅椋鸟、蓝山雀、白喉带鹀等许多鸟类中，雌鸟偏爱每天歌唱更久的雄鸟。换歌的频率同等重要。研究表明，雌性斑姬鹟（Pied Flycatcher）和雌性斑胸草雀（Zebra Finches）青睐那些能在5分钟内演唱较多歌曲的雄鸟。演唱曲目也是重要的考量依据。雌鸟（包括歌带鹀和大山雀）不会被毫无新意的雄

①并不是说声音越大就一定越好。实际上，有些鸟，例如歌带鹀，它们在进攻前发出的声音总是轻柔的。没人知道具体的原因，可能是"轻声的威胁"最大限度地降低了歌唱者被捕食者和其他雄鸟（不是歌唱者打算吓怕的那只雄鸟，而是那些比歌唱者更大、更壮的雄鸟）听到的可能性。——作者注

鸟打动，它们更喜欢能演唱不同曲目的雄鸟，或歌声持续的雄鸟（不是演唱不同的曲目，而是不停演唱同一首。这时候，打动雌鸟的是不同的“音节”[①]）。雌鸟喜欢能表演各种曲目的雄鸟，但它们非常排外，只喜欢本地的雄鸟。通常而言，只有来自遥远地区的雄鸟，才会被雌鸟视为外来者，但有些物种，例如白冠带鹀、黍鹀，有着适用于小区域的本地“方言”。

最后，我们来看看歌曲的“物理”属性。当鸟儿通过鸣叫来保护自己的领地时，其音量和语速发挥着同样的作用。雌鸟也偏爱叫得快、叫得响的雄鸟（同样，对于交配鸣叫声不那么悦耳的青蛙、蟾蜍和昆虫而言，雌性个体也偏爱叫得响的雄性个体）。此外，一些雌鸟，如沼泽带鹀，也喜欢宽音域的歌曲（例如，同时包含极高音和极低音的歌曲），这种宽音域如果碰上高语速，产生急升或骤降的旋律，那么雌鸟将会对演唱的雄鸟更加情有独钟。

这就引出了一个问题：雌鸟为什么在乎雄鸟的歌唱水平？不同于雄孔雀华丽的眼状羽毛，动听的歌声不只是简单的装饰，还能反映雄鸟的相对适应性（从“达尔文进化论”的角度讲）。这不仅是因为鸣叫得更久、更快、更响的雄鸟具备更加健康的身体，虽然这无疑是重要因素。许多专家，包括著名的心理学家史蒂芬·诺维奇（Stephen Nowicki）认为，与歌唱能力相关的大脑结构基本上在鸟类的幼儿时期就已发育完成，这意味着，出色的歌唱能力不仅表明雄鸟安然度过了艰难时期，还表明它长得十分健康。

现在，我们明白了雌鸟为什么着迷于雄鸟的鸣叫声，但是，为什么人类也喜欢听鸟叫声呢？人类痴迷于鸟叫声，不仅为此写下颂歌，

①一个音节指的是以同一方式重复的任意长度的单位，因此，一个音节可以是一个音符，也可以是一长串音符。——作者注

而且模仿其声音，谱写了交响乐。为什么我们不对猫叫、狗吠或大象的叫声一视同仁呢？

你很可能凭着直觉猜中了答案：比起其他动物发出的咕哝声、吱吱声和嘎嘎声，鸟类的叫声更像人类创造的音乐。传统的西方音阶基于简单的整数比。例如，基本的大三和弦（Major Chord）主要由大音阶的根音、三音和五音组成（例如，C、E 和 G）。音符的频率（或音高）指的是产生该音符所拨动的弦一秒钟震动的次数。大三和弦（或者说，音阶上的根音、三音和五音）的特别之处在于：最高音和最低音间的频率比例正好是 3 : 2，而中间音和最低音间的频率比例正好是 5 : 4。[①] 依据完美的比率来创造音阶，这让人感觉很自然，究其原因，是因为这些音符本身都是“自然的”。从某种意义上说，它们原本就存在于大自然中：琴弦在被拨动时，会同时发出几种不同频率的音符。其中最响的基本频率就是我们平常所说的“音高”，不过，琴弦还会发出音量较低的泛音，[②] 后者与基本频率构成了完美比例。

直到 2014 年，我们才证明至少有一种鸟（隐士夜鸫）的鸣叫声遵循着类似的原理。现实版“杜利德医生”，来自著名的音乐之城西雅图的艾米莉·杜利德（Emily Doolittle）博士，在带领研究团队分析了鸟鸣声后，发现其单个音符的频率是“基本频率”的整数倍，也就是泛音（实际上，鸟类并没有真正发出这个频率的音符）。这让鸟鸣声听起来极具情调。不要只听我说，快点开链接，听听研究人员提供的一些

①至少过去是如此。这种律制（被称为纯律）流行一时，但在 1800 年左右几近灭绝，被现代十二平均律所替代。平均律系统不是整数比，但十分接近整数比。如，纯律的比率 1.5 : 1 和 1.25 : 1，已经被十二平均律的 1.49 : 1 和 1.26 : 1 所取代。十二平均律的优势是，同一把键盘乐器或弦乐器可以演奏音调不同的歌曲，但听起来不会不协调。你可以到我的网站上观看两者的区别：https://benambridge.wordpress.com/2014/04/24/the-secret-chord/。——作者注

②这就是为什么由吉他、小提琴或钢琴弹奏出的一个音听起来会比较丰富而复杂，而合成器产生的“纯音”（没有泛音）听起来单薄且不悦耳。——作者注

范例（录音已调慢，使速度和音域更为人类所接受）。

人类与鸟类的歌声对比终于告一段落。值得一提的是，杜利德博士原来也是技艺高超的作曲家，她受到鸟儿朋友的启发，写了些曲子。打开下面的链接，你就可以听到杜利德博士的歌曲。

网站链接：

观看杜利德博士的演奏：http://emilydoolittle.com/music/

给格鲁乔的歌声打分：https://v.qq.com/x/page/n05244wjps3.html

63 你也试试扯绳子

鸟儿提供的娱乐不只是歌唱。17 世纪，观看小鸟（特别是红额金翅雀[①]）从井中汲水是个消磨良夜的好办法（那时没有电影可以看）。

几百年后，初次登场的动物心理学家很快就发现，拉绳实验可以快捷而简单地测出不同动物的智力。

常见的情景如下：摆出两根或两根以上的绳子（绳子可以是弯曲的，甚至可以是交叉的），受试动物只有拉扯特定的绳子，才能获得食物。问题很简单：受试动物拉扯这根绳子的情况如何？2015 年，一项报告指出，共有 49 种哺乳动物（包括类人猿、大象、老鼠、猫、狗、狐狸和松鼠）和 46 种鸟类（你能想到的鸟类几乎都在其中）接受过这类测试。成年人能够轻而易举地通过测试，婴儿却常会犯错，而后者直到 16 ~ 20 个月大时，表现才会好转。如果你的身边有一岁大的小孩，那就让他们做做下面的试验吧。外面的两根绳子比里面的两根绳子略长（例如，35 厘米和 30 厘米），这样一来，四根绳子都很容易够到。此外，在试验期间，你偶尔需要换一下绳子的位置，多做几次测试，以减少运气成分的干扰。

①红额金翅雀对应的荷兰语是“putter”，字面意思为“吸井水者”（Well-drawer）。——作者注

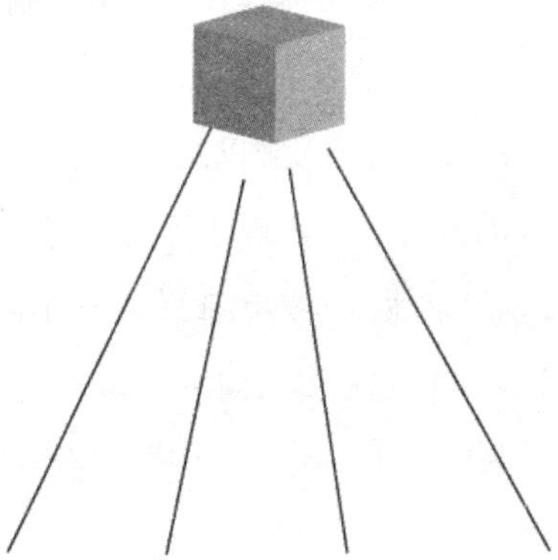

小家伙的表现如何？研究人员发现，一岁孩子的表现大致可以分成三类：优（拉扯代表着食物的那根绳子）、差（随意拉扯绳子）和中（例如，同时拉扯两根绳子，其中就包括那根代表着食物的绳子）。

尽管任务简单，但许多孩子仍不能顺利完成，这是为什么呢？直到最近，大多数专家才指出，一岁孩子确实认识到了不同事物之间的联系，也知道绳子的用处（例如，有一根绳子与他想要的东西相挂钩），但由于自控力差（这也是孩子惹人烦的地方），他们的表现大多不佳。即便是那些拉扯了正确绳子的孩子，也难以抵住诱惑，会随意地拉扯其他绳子。他们只是觉得这样做很好玩（啊，看看我们多么快就失去了这种童真）。2015 年的一项研究发现，那些拉扯正确绳子的孩子在观看成年人进行这个测试时，也预先盯着那根正确的绳子看，而那些没有拉扯正确绳子的孩子则没有。这表明，许多一岁的孩子并不懂得拉绳游戏的原理，他们的表现和狗狗差不多，甚至比不过大多数鹦鹉。

鹦鹉能轻易学会的技能，人类却要花上了一年多的时间来学习，这对我们来说可不是个好消息。与大多数幼年动物相比，人类婴儿显得并不成熟，而这恰恰是人类成功的一大秘诀。成年女性的盆骨容不下蹒跚学步的孩子的头颅，而自然选择无意间找到了解决方案：出生后，人类婴儿的头颅还会快速发育。脑袋变得更大将意味着更聪明，正是这种适应机制使智人比其他人类以及地球上的其他物种更加聪明。

如果你那一岁大的孩子没有西班牙猎犬聪明（至少就这个测试而言），千万别太担心。如果他能像鹦鹉那样善于拉中正确的绳子，你也不要太得意。不说孩子了，现在得问问……

第四部分

自我意识

你比红猩猩聪明吗？ 64

下一节会说到黑猩猩的，我向你保证。黑猩猩相当聪明。我想，你可以一步一步来，先和红猩猩较量（与人类血缘关系较远的人科物种），再与黑猩猩一较高下。仔细研究下面的 7 个单词，翻到下一页，试着将这些词语写出来，次序没有要求。

- 水仙花
- 蜥蜴
- 鱼
- 苹果
- 贝壳
- 医生
- 石头

答案

请将词语列出：

你的表现怎么样？在美国国家动物园，11 个月大的雌性红猩猩爱莉丝（Iris）接受了多轮试验，平均记住的单词数稍低于 4。当然，爱莉丝读不懂单词，更不会将其写到下一页的空白格，它是借用平板电脑才完成了相关的学习和测试任务的。

平均答对 4 个，这成绩并不突出，你的表现很可能比爱莉丝好。

不过，先别松一口气，我打算用另一种方式来对比你和爱莉丝的表现。爱莉丝虽然没得到很高的分数，却表现出了非常聪明的一面，它会使用策略记住词语。你瞧，爱莉丝进行了多次测试才完成整个过程，每次测试中，爱莉丝会看到同样的单词，但次序不同（跟你一样，爱莉丝也可以不按顺序给出答案）。

如果将爱莉丝给出的答案分成对（比如，第一个和第二个；第二个和第三个；第三个和第四个），你将会发现一种很明显的模式：近一半的配对是一样的（比如，“蜥蜴”一定跟在“鱼”的后面；“石头”一定跟在“贝壳”的后面）。这真是非同凡响，因为它表明爱莉丝自发采取了分组策略，比如将动物分为一类，将石头分为一类。当然，我们无从了解爱莉丝具体采用了怎样的策略（动物和活动的物体；石头、硬物和你在沙滩上找到的东西）。但无论如何，爱莉丝确实给部分物体分了组，也的确采用某种策略，并在之后坚持使用了这种策略。因此，我们可知，协助学习和记忆的大脑机制并非为人类独有，或者说，并非只有人类及其最亲的近亲（黑猩猩和倭黑猩猩）才拥有，相反，所有的人科动物都拥有这种机制。

你可能记忆力很好，无需采用策略就可以记下 7 个词语。但假若你记不全这 7 个词语，而且压根没想过采取策略，那么红猩猩恐怕要比你聪明了。如果你连红猩猩都比不上，那么接下来你很可能会感到些许担心了，因为我们终于要……

65 你比黑猩猩更聪明吗？

在现存物种中，倭黑猩猩和黑猩猩与人的血缘最接近。[①]同样，它们的智力也最接近人类，这不足为奇。不过，是否存在着这样一种可能，即倭黑猩猩和黑猩猩在某些方面比我们人类更聪明呢？

先别急着看，我可以告诉你，下面是两个“十”字，由多个圆圈构成。现在，快速扫一眼，猜一下哪个“十”字包含的黑色圆圈更多：

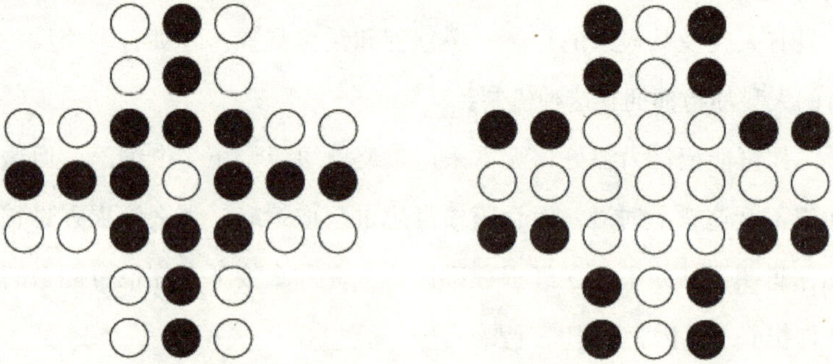

①黑猩猩直到不久前才摘得了“人类最近的近亲”这顶桂冠。不过，自2012年测出了倭黑猩猩基因组序列之后，黑猩猩就只能和倭黑猩猩共享这项荣耀了，因为两者的基因组序列和人类基因组序列的重叠率几乎一致。黑猩猩和倭黑猩猩各自都有部分特征更接近人类。——作者注

答案

两个“十”字都含有 16 个黑色圆圈，但大多数人认为左边的“十”字包含的黑色圆圈更多。这主要是因为左边的黑色圆圈是集中的，而右边的黑色圆圈是分散的。人们常用跳棋的布局来阐明这种错觉，将之称为“跳棋错觉”（Solitaire Illusion）。

黑猩猩也接受了类似的测试，只是图中的黑色圆圈被替换成了蓝色的 M&M 巧克力豆，白色圆圈被替换成了黄色的谷物片。与你一样，黑猩猩也面临着选择。它到底应该选左边的“十”字，还是右边的“十”字呢？黑猩猩非常喜欢 M&M 巧克力豆，因此，它们有强烈的动机去选择那个包含、或看起来包含更多 M&M 巧克力豆的“十”字。

人类难以摆脱“跳棋错觉”，但让人吃惊的是，接受测试的黑猩猩拉娜（Lana）、潘泽（Panzee）、舍曼（Sherman）、默丘里（Mercury）却没表现出这种错觉，它们选择两个“十”字的频率是一样的。这并非因为黑猩猩不懂游戏规则：研究人员如果在其中一个“十”字中放上更多的 M&M 巧克力豆，黑猩猩会毫不犹豫地选中那个。面对类似的测试，黑猩猩会随机选择，这表明它们并没有受到“跳棋错觉”的影响。当然，黑猩猩也不会挨个去数 M&M 巧克力豆。

为什么人类表现出了“跳棋错觉”，人类的近亲却没有？鉴于这项研究的负责人没有做出推测，我在这里就自行推测一番：这种错觉也许是人们后天习得的。人类从经验中得知，当东西不多时，出于好看或实用等原因，人们倾向于把东西分散开来（例如蛋糕上的蜡烛、比萨上的鳀鱼、散布各地的信号塔），而当东西较多时，人们则倾向于把东西聚在一起（比如堆起来的稻谷和咖啡豆），或者放进容器中，以方便搬运。之后，随着时间的推移，我们很可能会错误地认为，"分散"意味着"少"，而"集中"意味着"多"。鉴于黑猩猩既不懂何为蛋糕或比萨，也不懂何为信号塔或咖啡馆，它们就无法习得上面提到的联系，也就不会表现出"跳棋错觉"。

无论我的解释正确与否，实验结果（大多数人表现出"跳棋错觉"，黑猩猩却没有）都令人类十分难堪。至少从某种"视觉—数字智力"上讲，"你比黑猩猩更聪明吗？"的答案基本上是："嗯，并没有。"

你真的比黑猩猩更聪明吗？ 66

此外，黑猩猩在另一方面像极了人类，也表现得十分出色，那就是脸庞识别。让我们来看看你的表现如何。下面是三张脸，每张脸的上半部分和下半部分别属于不同的人。你的任务就是在最短的时间内说出三张脸的上半部分对应的名人。准备好了吗？现在开始吧！

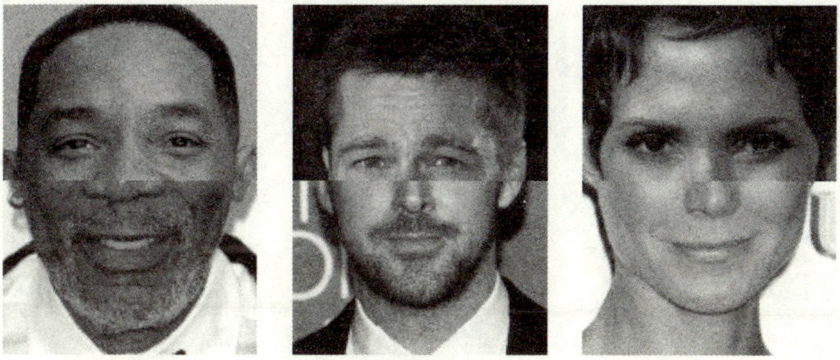

答案

答案：从左到右分别是威尔·史密斯（Will Smith）①、布拉德·皮特（Brad Pitt）②和哈莉·贝瑞（Halle Berry）③

下面是另外三张脸。还是一样，你需要在最短的时间内说出三张脸的上半部分对应的名人。

①美国演员、歌手，12岁时以说唱歌手的身份踏入演艺圈。——译者注
②当今好莱坞最具票房号召力的演技派偶像。——译者注
③美国黑白混血女演员。——译者注

答案

答案：从左到右分别为乔治·克鲁尼（George Clooney）①、麦当娜（Madonna）②和大卫·贝克汉姆（David Beckham）③

是不是觉得第二组图片更加容易辨认？也就是说，你更快地说出了对应的人名。如果真是这样，那你就经历了所谓的“面孔合成效应”(Composite Face Effect)。

大多数人都觉得第一组图片较难辨认，这是因为“辨认出上半张脸所对应的名人”和人的“脸庞识别机制”产生了冲突。“脸庞识别机制”是整体化的，换言之，你会不由自主地想整合完整的脸庞。因此，你就会被摩根·弗里曼（Morgan Freeman）④、瑞恩·高斯林（Ryan Gosling）⑤和格温妮丝·帕特洛（Gwyneth Paltrow）⑥这三个人的下巴分散注意力。第二组图片中的上半张脸和下半张脸是分离的，这样，你就可以较轻松地绕过注重整体性的脸庞识别机制，从而专注于辨别上半张脸。这时，你通常会忽略罗伯特·德尼罗（Robert DeNiro）⑦、

①美国演员、导演，曾获金球奖最佳男主角。——译者注
②美国女歌手、演员，入选美国摇滚名人堂。——译者注
③前英国职业足球运动员，其服役的球队获英超冠军 6 次。——译者注
④美国演员、导演，曾获奥斯卡最佳男配角。——译者注
⑤加拿大演员、歌手、导演。——译者注
⑥美国演员，曾获奥斯卡最佳女主角。——译者注
⑦美国演员、导演、制片人，曾获奥斯卡最佳男主角。——译者注

凯蒂·佩里（Katy Perry）[①]和汤姆·克鲁斯（Tom Cruise）[②]的下巴。

当然，我们不会要求黑猩猩辨别它们当中的明星。毕竟，我们无法确认该派谁上场，是 PG Tips[③]广告上的黑猩猩，还是尼姆·齐姆斯基（Nim Chimpsky）[④]？黑猩猩尝试的是配对游戏：首先，它们会看到某只黑猩猩的脸（这只黑猩猩可以看成是“明星”），然后，从两张复合图片中找出那张含有目标黑猩猩上半张脸的图片。与人类一样，黑猩猩在辨认上半张脸和下半张脸错开的组合图片时，表现得更好。这表明，并非只有人类才具备整体性的脸部识别机制，这种机制早已出现在人类和黑猩猩共同的祖先身上。

①美国流行女歌手、演员兼词曲创作者。——译者注
②美国电影演员、制片人。——译者注
③英国有名的茶叶品牌，位于英国市场三大品牌之首。——译者注
④著名的“会说话”的黑猩猩，在 44 个月内学会了 125 个手语单词。——译者注

你确信你比黑猩猩更聪明吗？ 67

黑猩猩的聪明并不止于辨认脸庞，它们还擅长识别并解读与不同表情相对应的情绪。你做得到吗？下面是黑猩猩做出的 5 种表情，你能猜出分别是对应哪种情绪吗？

答案

你猜出来了吗?

我们通常认为，那张露出牙齿的表情与人类的微笑相当，可能类似于我们在面对初识的外人时，做出的礼节性微笑。当黑猩猩想接近或拥抱另一只黑猩猩，又或者想与之玩耍，表示友善的时候，它通常就会做出该表情。该表情的确很像人类的微笑，但如果我们准确地模仿那种表情，将会发现自己看起来像是在假笑或做鬼脸（请见下图）。

即便你猜不出第二种表情，那也是情有可原的，因为人类几乎不会做出类似的表情（见下面的第二种表情，我们几乎无法解读）。第二张图片中黑猩猩正在呼叫，它很兴奋，很可能是看到了食物。

第三种表情很容易解读。它只出现在玩闹的黑猩猩脸上，因此，做出这种表情的多是年轻的黑猩猩。成年人也做出了类似的表情，虽然不像在玩耍，不过至少传达了一种愉悦的心情（但似乎没那么可信）。

对我们而言，要猜出第四种表情，似乎也没有那么困难。图片中的黑猩猩正在尖叫，这种表情表示：恐惧、悲痛、敌意或冲突。许多专家认为，黑猩猩会发出截然不同的两种尖叫——顺从性尖叫和侵略性尖叫，但我们无法从图片中做出判断。

第五张图片中的黑猩猩鼓起了嘴唇，这表示它生气了，人类也有类似的表情。

在野生环境下，黑猩猩无疑擅长识别并回应不同的表情（否则，黑猩猩就不会做出这些表情）。而在实验环境下，科学家也通过巧妙的设计，测试了黑猩猩识别面部的能力。通过某项研究，黑猩猩在研究人员的指导下学会了使用操作杆来移动电脑屏幕上的光标。接着，黑猩猩将看到一张表情图片（比如露齿笑），如果它们能将光标移到相应的表情图片（由另一只黑猩猩做出）处，就会获得奖励。如下图。

通过上述方式，研究人员发现黑猩猩能正确分类以上几种表情，即便后者是由那些它们素未谋面的黑猩猩做出的。

最令人印象深刻的是：它们竟然会使用操作杆！我年龄大了，早已记不清什么年代的电脑游戏是用这种方式来操控的，但使用操作杆对我们人类来说绝非易事。如果你真的想知道自己在这方面是不是比黑猩猩聪明，可以试着玩一盘吃豆人（游戏网站见下面链接），看看自己的表现。

网站链接：

猩猩：https://v.qq.com/x/page/p0524hevtwz.html

你：http://www.mspacman1.com/

动物拥有复杂的情绪？ 68

从上文可知，黑猩猩似乎与我们有相同的基本情绪，但它们是否存在着与我们相似的复杂情绪呢？动物拥有复杂的情绪吗？如果有，那会是哪种动物？是只限于灵长类动物，还是只限于哺乳动物，抑或是所有动物？在人类社会中，情绪是普遍共有的，还是部分只属于生长在特定文化环境下的人？为什么人类会进化出情绪？在解答这些难题之前，我们需要完成一份通用的情绪量表。

请回想一下最近发生的，能激起你下面 7 种情绪的情景；然后，根据不同的情绪，勾选相关的症状和反应。

反应 症状	高兴	害怕	生气	伤心	厌恶	羞愧	内疚
哽咽							
呼吸频率改变							
胃不舒服							
感到冷 / 发抖							
感到暖 / 宜人							
感到热 / 脸颊发热							

续表

症状 \ 反应	高兴	害怕	生气	伤心	厌恶	羞愧	内疚
心跳加快							
肌肉紧张 / 哆嗦							
出汗 / 手掌湿润							
大笑 / 微笑							
哭泣 / 啜泣							
尖叫 / 叫喊							
做手势							
走向人或物体							
远离人或物体							
攻击性							
沉默							

答案

在这类研究的最初版本中，来自5大洲35个不同国家的参与者完成了类似的调查问卷，其结果的相似度惊人。下面表格中打钩的数字均接近或超过50%，表示有接近一半或超过一半的参与者选中了该选项。因此，无论你来自哪个国家，你勾选的结果很可能接近下列表格的结果（为了满足数据迷，下表还列出选中各个选项的具体百分比）。

症状＼反应	高兴	害怕	生气	伤心	厌恶	羞愧	内疚
哽咽	14%	29%	25%	56% ✓	21%	23%	28%
呼吸频率改变	20%	47% ✓	37%	24%	18%	21%	17%
胃不舒服	3%	21%	11%	19%	21%	11%	15%
感到冷 / 发抖	2%	36%	8%	22%	14%	11%	12%
感到暖 / 宜人	63% ✓	1%	1%	1%	1%	1%	1%
感到热 / 脸颊发热	18%	14%	32%	9%	11%	40%	18%
心跳加快	40%	62% ✓	50% ✓	26%	23%	35%	27%
肌肉紧张 / 哆嗦	10%	52% ✓	43%	27%	25%	23%	22%
出汗 / 手掌湿润	11%	37%	21%	16%	13%	26%	17%

续表

症状＼反应	高兴	害怕	生气	伤心	厌恶	羞愧	内疚
大笑 / 微笑	85% ✓	4%	3%	4%	4%	14%	4%
哭泣 / 啜泣	9%	15%	15%	55% ✓	7%	9%	13%
尖叫 / 叫喊	8%	13%	22%	6%	7%	3%	4%
做手势	20%	17%	27%	14%	18%	18%	17%
走向人或物体	39%	14%	10%	13%	5%	5%	8%
远离人或物体	1%	18%	18%	30%	22%	27%	24%
攻击性	0%	5%	29%	6%	11%	4%	6%
沉默	13%	51% ✓	24%	61% ✓	39%	47% ✓	48% ✓

参与者在回答问题时，需回想最近经历的相应情景，因此，每个人的情绪反应均十分相似。表格中的症状 / 反应并不适用于每一个场景（比如，并非每个让人伤心的场景都会使人哽咽），如果直接询问参与者“某种情绪是否引发了相关的症状 / 反应”，大家的相似程度会更高。正如研究人员所说，情绪反应的相似性并不能表明，情绪反应是人们与生俱来的，反而表明相似性是情绪反应存在的基础。这意味着，如果参与者对某些情绪反应没有同感，那么后者就不可能存在。

情绪似乎普遍存在于人类身上，但动物也拥有情绪吗？[①]我们需要谨慎对待这个问题。当动物表现出的某些行为或做出的某些身体反应，与人类在恐惧、生气和伤心等情况下的表现类似时，如果我们仅因为它们是动物，而否认那是情绪，未免也太不公平了。不过，真实的情

①有人认为，根据定义，情绪需要意识的参与（比如，“悲伤”是因为我们的思考和谈论而产生）；而意识，根据定义，是人类所独有的（请参考后记）。这是非常合理的观点，不过，若想让“动物是否拥有情绪？”这个问题变得有意义，而不是争辩相关的定义是什么，我们就必须先把这个观点放到一边。——作者注

况是：动物好似表现出了情绪。例如，老鼠（或猫）在表现出“害怕”或攻击性（也许是在“生气”）时，心率和血压会上升；而当它长时间沉溺于“痛苦”（也许是在“伤心”或“无奈”）时，心率和血压会下降；在感到“解脱”时，它会松口气。此外，我们也要避免拟人化倾向（将人类的特点强加到其他生物上）。植物能“选择”（例如，“选择”在哪里生长），也有竭力想完成的“愿望”（比如冲破混凝土，沐浴阳光），但我们大都认为植物没有情绪。

我们该如何达成妥协呢？生物学家玛丽安·道金斯（Marian Dawkins）①让我们先思考下方的案例：通过训练，迷宫中的老鼠知道左转有食物，右转有电击（或者反过来）。不同于植物的向阳生长，老鼠的反应（向左不向右，或者向右不向左）是随意的，而非与生俱来。因而，玛丽安·道金斯认为，唯一的解释就是老鼠拥有一套奖罚机制，能将某些行为和“较好的感觉”联系起来，而将另一些行为和“较差的感觉”联系起来。换言之，我们似乎不得不假定，不起眼的老鼠（实际上很多动物都完成了任务）拥有类似于“愉悦”和“痛苦”的情绪。

为什么我们会拥有情绪呢？尽管寻找“快乐”（例如食物和性）和避开“痛苦”（比如伤害和饥饿）带来的进化优势显而易见，但我们的其他情绪从何而来？心理学家恩特·罗伯特·普拉切克（Enter Robert Plutchik）提出情绪的“心理进化理论”（Psychoevolutionary），认为所有物种都拥有情绪，即便是没有神经系统的物种，也会以“某种形式”感受情绪。变形虫会感到“生气”，蛞蝓会感到“惊喜”，这听起来似乎令人惊讶，但在普拉切克看来，不过是因为那些与情绪相关的行为起了作用，增大了物种的适应性（从“生气”，到攻击，再到消除障碍，从“惊讶”，到止步，再到重新寻找方向）；而不是因为感情化的主观

①没错，她就是理查德·道金斯的妻子，她和她的丈夫都是牛津大学的教授。——作者注

体验（这是我们人类关心的）在起作用。普拉切克提出的 8 种情绪以及对应的 8 种行为和功能如下：

刺激源	主观体验	行为	适应性功能
食物、性等	喜悦	沉浸其中，寻求下次刺激	获得资源或保留资源
群体成员或家庭成员	信任	相互理毛	获得支持
威胁	恐惧	跑开	避免伤害
出乎意料的事件	惊讶	惊慌失措	重新寻找方向
失去食物、伙伴等	悲伤	哭泣	把东西要回来
不好的滋味 / 难闻的气味	恶心	呕吐	避开毒物
障碍或敌人	愤怒	攻击	除掉障碍或者敌人
新事物或新领地	期待	探索	获得知识

我们可以往表格中添加更多的词条。比如，“羞愧”和“内疚”。当惹恼朋友或伴侣后，“羞愧”和“内疚”可能会让我们避免重蹈覆辙，而其适应性功能是：防止我们失去支持、食物或性。再如，“嫉妒”这种常被视为无用的情绪（从进化的角度上看，“嫉妒”的作用很大），也许能够促使我们阻止情敌靠近伴侣。与其他进化理论一样，上述理论存在的问题是：我们难以找到方法来证明或否定它们。哲学家杰瑞·福多（Jerry Fodor）指出：“从进化的角度提出看似可信的故事，用以解释人类的任何行为、情绪或欲望，这并不难。”

目前，根据普拉切克的大胆观点，所有动物都至少拥有 8 种情绪。我们可以暂且认为，有些情绪不是人类或灵长类所独有的，许多哺乳动物都有这些情绪。

神经黑猩猩 69

正如我们在上一节所见，人类的情绪反应似乎大同小异。然而，或许也有例外的情况——精神病态者（Psychopaths）[①]。精神病态者似乎缺乏或只表现出低程度的恐惧感，后者是最为常见的适应性情绪。因此，他们非常自信，尤其是在社交场合。即便遇到压力，他们也始终保持着冷静，不会为任何可能出现的危险而担忧。精神病态具有三大特征，“无所畏惧”就是其中之一。随后，我们会讨论另外两方面的特征。现在，我们先做做“病态人格测试”。我们的测试对象就是……

黑猩猩。没错，美国佐治亚州的一组研究人员决定研究黑猩猩的精神病态。其目的在于：如果血缘关系与我们最近的物种[②]也表现出了精神病态，那我们可以认为，精神病态至少受到遗传或生物方面的影响。通过对比黑猩猩和人类，我们可以研究这些“先天因素”所起的作用以及哪些“后天因素”可能致使人类出现精神病态。例如，有证据证明，儿童时期遭到冷落，是人类出现精神病态的一个原因。为此，研究人员需设计一个同时适用于黑猩猩和人类的测试（也许还需适用于其他人科动物——这也是本节标题的由来）。当然，在做这份测试时，

①指具备精神病状态的人。——译者注

②和倭黑猩猩并列第一，参考“你比黑猩猩更聪明吗？”。大猩猩排名第三。——作者注

你需将题目中的动物代入到人类身上。比如，你得将第一个问题中的“威胁其他黑猩猩，或从其他黑猩猩手上抢食物”替换成“威胁他人，或从他人手上抢走食物”。

		最不像我						最像我
1	支配：威胁其他黑猩猩，或从其他黑猩猩手上抢食物。可能会突然打断其他黑猩猩之间的社交互动，以展示自己的地位。	1	2	3	4	5	6	7
2	依赖：经常需要其他黑猩猩提供指引、安慰、拥抱等社交支持。	7	6	5	4	3	2	1
3	焦虑：迟疑、犹豫不决、心神不宁。	7	6	5	4	3	2	1
4	恐惧：对真实或想象的威胁反应过度，在焦虑或痛苦之下会尖叫、龇牙咧嘴、逃离。	7	6	5	4	3	2	1
5	勇敢：不受束缚，敢于向前。不胆怯，不害羞。	1	2	3	4	5	6	7
6	胆怯：缺乏信心，容易惊慌。不愿进入新的社交或非社交环境。	7	6	5	4	3	2	1
7	冲动：经常心血来潮，做出一些意料之外的行为。	1	2	3	4	5	6	7
8	善于创新/心血来潮：更可能做出一些新奇的行为。比如，在自己的领地中使用新的工具或材料。	1	2	3	4	5	6	7
9	易怒：似乎经常心情不好，或者没有耐心，容易被激怒，并表现出敌对行为。	1	2	3	4	5	6	7
10	易激动：很容易达到兴奋状态。面对不能让大多数黑猩猩感到兴奋的情景也会表现得很兴奋。	1	2	3	4	5	6	7
11	冷静：平稳、冷静地做出反应，不容易受到干扰或被激怒。	7	6	5	4	3	2	1
12	不善交际/行为唐突：在社交过程中行为不当。	1	2	3	4	5	6	7
13	容易嫉妒/喜欢被关注：经常苦恼于其他黑猩猩拥有令人羡慕或有利的条件，比如食物、社会地位高。可能会通过扰乱活动或制造噪音来获得关注。	1	2	3	4	5	6	7

续表

		最不像我						最像我
14	友善 / 体贴：经常安慰处于痛苦之中的黑猩猩。	7	6	5	4	3	2	1
15	友好 / 友爱：喜欢接近其他黑猩猩。可能经常给其他黑猩猩理毛，会抚摸、拥抱它们，或躺在它们身边。	7	6	5	4	3	2	1
16	横行霸道：压制、恐吓年轻或地位低的黑猩猩。	1	2	3	4	5	6	7
17	会耍手段：擅长构建对自己有利的社会关系，特别喜欢借用结盟或伙伴关系来提高自己的社会地位。黑猩猩似乎能够，也有意利用其他黑猩猩。	1	2	3	4	5	6	7
18	吝啬：非常渴望得到领地内的食物和有利位置。不愿意和其他黑猩猩分享资源。	1	2	3	4	5	6	7

答案

第 1 ~ 6 题测量的是“勇气”（Boldness），“无所畏惧”是精神病态的主要特征。你如果在这 6 道题上仅得 6 ~ 12 分，那就意味着你很不“勇敢”，十分“胆怯”；若得分在 13 ~ 35 之间，就意味着你的“勇敢”程度处于平均水平；若得分在 36 或以上，就意味着你很“勇敢”。

第 7 ~ 13 题测量的是“去抑制化”（Disinhibition）[1]。文明社会限制诸多，大多数人都较守规矩。在社交场合，我们往往希望给他人一种得体的印象，而不是过度兴奋、恼怒或冲动的印象。精神病态者可不这样想：他们不会克制自己。在这 6 道题上，你若得到 7 ~ 14 的总分，那就表示你很“守规矩”；若得分在 15 ~ 41 之间，就表示你的“守规矩”程度处于平均水平；若得分在 42 或以上，就表示你非常不“守规矩”。

第 14 ~ 18 题测量的是“刻薄”（Meanness）。许多人都想表现得善良、体贴和大方。还是一样，精神病态者并不在乎。在这 6 道题上，你的得分若在 5 ~ 10 之间，那就表示你一点儿也不“刻薄”，很善良；若得分在 11 ~ 19 之间，就表示你的“善良”或“刻薄”程度处于平

①可使中枢神经元兴奋性增高，参与学习记忆、药物成瘾、慢性痛等重要的生理、病理过程。——译者注

均水平；若得分在 19 或以上，就表示你很“刻薄”。

真正的精神病态者在这三项指标上的得分都很高。实际上，这类人（大多数是男性）很可能在每个问题上的得分都是 7。但是，他们中的大多数不会承认自己是“精神病态者”。他们从不认为自己有问题，甚至在被指责表现得鲁莽、刻薄，或者欺负他人时，他们也会辩解说：“你如果不为自己出头，争取自己想要的东西，那别人就会骑到你的头上。”是不是觉得这话很像 CEO 说的？没错！平均而言，CEO 在精神病态程度的测试中得分最高，紧随其后的是律师、销售人员和外科医生，而护理员、护士和心理医生的得分最低。

现在，我们说回黑猩猩。这项研究还发现，衡量精神病态的这三项指标同样适用于黑猩猩。通过黑猩猩的得分，研究人员能够预测它们在应对入侵者（人体模型）或延迟满足时的表现。下次，你若在动物园里看到黑猩猩闪烁着刻薄的眼神，就大胆地拿出这份问卷给它做个测试吧！如果它的得分很高，那你最好听一下传声头像乐队[①]（Talking Heads）的建议：跑，跑，跑，跑，跑，跑，快跑（run, run, run, run, run, run, run away）。

①组建于 1974 年，位于英伦三岛的摇滚乐队。——译者注

70 谁都会受伤害

精神病态者，无论是人类还是黑猩猩，几乎不会对其他生物体的痛苦产生同理心。通常情况下，无论对方是不是人类，我们都会尽可能地关心他们，尽力避免给他们带来痛苦。但我想问一问：动物能感受疼痛吗?

过去，我们常认为其他动物不能感受疼痛（或不能像人类一样感受疼痛）。法国著名哲学家勒内·笛卡儿（René Descartes）就指出："痛苦需要意识的参与，而只有人类才具备意识（这个观点我们随后会讨论，请参考'猴子有自我意识么?'一节）。"时至今日，我们依然无法理解其他物种是如何感受疼痛的，但已经很少有科学家认为，只有人类才能体验疼痛。那么，究竟哪些物种拥有痛觉呢? 痛觉是仅属于哺乳动物，还是属于所有生物体呢?

请凭直觉写出答案。你如果觉得某种物种拥有痛觉，就在相应的方框内给"是"打钩；你如果觉得该物种没有痛觉，就给"否"打钩。

物种	是否能感受疼痛?
马	是 / 否
兔子	是 / 否

续表

物种	是否能感受疼痛?
老鼠	是/否
鹦鹉	是/否
鸡	是/否
青蛙	是/否
乌龟	是/否
鳟鱼	是/否
斑马鱼	是/否
乌贼	是/否
虾	是/否
蟹	是/否
蜜蜂	是/否
果蝇	是/否
细菌	是/否

答案

首先，我们必须弄清“感受疼痛”是什么意思。相关领域的研究人员明确区分了“疼痛”（Pain）和“伤害性感受”（Nociception）。“伤害性感受”指生物避开潜在伤害的倾向。细菌便具备“伤害性感受”，但没有人会认为细菌有痛觉，因为它们连神经系统都没有。因此，并不是所有能避开潜在伤害的动物都能“感受疼痛”。当然，尽管我们无法读取动物的想法，但我们仍可以找出证据，证明动物不仅试图避开伤害，而且在受到伤害时会体验不好的感受。

幸运的是，琳妮·斯内登博士（Lynne Sneddon，我在利物浦大学的同事）为我们整理了一份证据清单。尽管没有直接证据能证明动物有痛感，但如果某种动物同时满足了下述条件（共有 17 点），我们基本上就可以认为，它确实能感觉到疼痛。

- 疼痛的硬件基础。首先，你得具备（1）伤害性感受器，一群能探测疼痛的细胞；以及（2）避开有害刺激的能力。仅这两条，植物就可被排除在外了，但细菌和所有动物都满足条件。当然，仅有伤害性感受器还不够，它必须连接（3）神经系统和（4）大脑，尤其是那些与“害怕”和“学习”相关的区域（否则你无法体验到任何主观疼痛）。

● 哎哟，疼死了！接下来，你必须有（5）生理反应，比如肾上腺素、心率、血压、体温和呼吸频率的上升。你还得做出（6）行为反应（不仅是避开伤害），比如拉着脸（老鼠、兔子和马都做到了这一点）、哭泣、叫喊或用后腿站立。当然，还需做到（7）改变行为或偏好（老鼠选择左转获得食物，而不是右转被电击，反之亦然）。其他行为表现主要有（8）保护或避免使用那只受了伤的腿（比如瘸着走），（9）擦拭或舔伤口（螃蟹做到了这两点）。如果感受到了疼痛，你很可能会（10）分心，例如不能躲避天敌（鱼就是如此）。

● 小心！动物（包括螃蟹）一般会避开（11）导致疼痛的事物，但（12）遇到喜欢的东西时，它们也会做出妥协（比如，饥肠辘辘的鱼儿会游向放着食物的地方，即便它们知道这样做会遭到电击）。它们还能（13）“学会避开疼痛”，偏爱那些代表着“前方没有电击”的信号（比如，嗡嗡声）。

● 把扑热息痛①递给我！“疼痛”的反面是“痛觉缺失”，或“疼痛缓解”。动物如果对止痛药有反应，或感兴趣，那它们也许能体验疼痛（否则，它们不会有这样的表现）。要想通过这项测试，动物必须拥有（14）对止痛药有反应的脑细胞（比如，青蛙体内有阿片受体②），若有机会，它们还会（15）自己服用这类药物，（16）即便必须为此付出代价（受伤的斑马鱼会游到平时不喜欢的、含有止痛药的水缸里去）。最关键的证据也许是，（17）一些动物在摄入止痛药后，上述所有的

①即对乙酰氨基酚（paracetamol），最常用的非抗炎解热镇痛药。——译者注
②阿片受体可以分为μ、δ、κ、σ四种，每一种受体都有不同亚型。镇痛药能作用于阿片受体，然后作用于内源性镇痛物质。——译者注

生理或行为反应会减缓或者完全停止。例如，鹦鹉会远离高温火焰，但在服了止痛药后[①]，它能在高温下待更长时间。

尽管并非每一个物种都接受了这17条测试，但我们仍可以确定有一类动物不满足上述条件，那就是昆虫。昆虫不会保护自己的伤口，似乎也不会因疼痛而分心（正如我们在“昆虫怪诞的性行为”一节所见，蠼螋可不会为“阴茎断了”这种小事而破坏心情）。不过，昆虫以外的物种大都通过了这17条测试（也就是说，在上面的列表中，除了“细菌”，其他选项都要给“是”打钩）。下一次，当肉食爱好者、大型养殖场的农民、猎人或鱼素者[②]自信满满地告诉你，某种动物感受不到疼痛时，你可以拿出本节的内容给他们看。看样子，快转眼球乐队（R.E.M. 乐队）唱得没错：谁都会受伤害（Every Body Hurts）。

①不幸的是，这里用的不是扑热息痛，而是曲马多，一种便宜的海洛因替代品，深受苏格兰瘾君子喜爱。弗兰奇·博伊勒（Frankie Boyle）主持的喜剧节目《曲马多之夜》（*Tramadol Nights*）便提到了这种药物。——作者注

②鱼素者是指戒食红肉、禽类肉食，但仍进食海鲜（以鱼为主）的人。——译者注

蜜蜂来袭 71

被蜇可不好受。不过，身体的哪个部位被蜇最难受呢？被哪种昆虫蜇最疼呢？

多亏了迈克尔·史密斯（Michael Smith）和贾斯丁·施密特（Justin Schmidt）[①]这两位无畏的美国昆虫学家，我们找到了上面两个问题的答案。史密斯让蜜蜂蜇了他身体的 25 个部位，如下图（见 258 页）。你认为，哪个地方最不疼，哪个地方最疼？

施密特让至少 78 种昆虫蜇了自己，并按疼痛程度给昆虫打了分，最高分为 4（配上了绘声绘色的描述）。请你试着猜出下述昆虫蜇人的疼痛感，并按疼痛程度从小到大一一列出。

- 火蚁（Fire Ant）
- 黄胡蜂（Yellowjacket）
- 汗蜜蜂（Sweat Bee）
- 子弹蚁（Bullet Ant）
- 相思树蚁（Bullhorn Acacia Ant）
- 红收获蚁（Red Harvester Ant，又名红色收获蚁）

① Justin 的读音有点像“蛰”（just sting），作者开了个玩笑。——译者注

- 沙漠蛛蜂（Tarantula hawk，不是老鹰，而是一种可怕的胡蜂，捕捉并麻醉狼蛛，然后在其体内产卵）

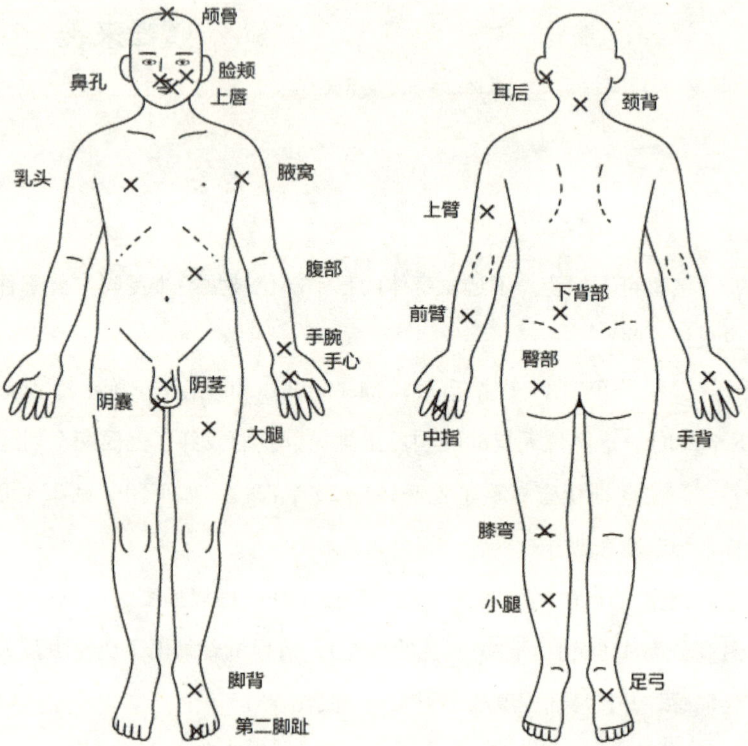

答案

根据史密斯的体验（目前没有人想验证他的发现），蜜蜂蜇得最疼的部位有鼻孔、上唇，还有……阴茎和阴囊（不出意料），最不疼的部位有头骨、第二脚趾、上臂及臀部（这个部位相对疼了一点）。

下面是施密特的打分（从上到下，疼痛感递增）和描述 。

- 汗蜜蜂（1/4）：轻微，短暂，醒神，几乎不会在手臂上留下痕迹。
- 火蚁（1.2/4）：剧烈，突然，稍微让人惊恐，就像从很粗糙的地毯上走过时踢到了小碎石。
- 相思树蚁（1.8/4）：很少体验到的强烈刺痛感，就像有人拿着订书机往你脸上打针。
- 黄胡蜂（2/4)：又热又呛，无法忍受。想象一下 W.C. 菲尔兹（W.C.Fields）用你的舌头熄灭了雪茄。
- 红收获蚁（3/4）：持续不断的剧痛，就像有人用钻子将你嵌入肉里的脚指甲挖出来一样。
- 沙漠蛛蜂（4/4）：疼到两眼昏花，就像被电击了一样。想象一下，通了电的吹风机掉进了你正在洗泡泡浴的浴缸中。

- 子弹蚁（超标）：赤裸裸的剧痛。被蜇后，就像在渡火仪式[1]中，赤脚走在灼热的炭灰上，并且脚后跟还插着一根8厘米长的生锈的钉子。

①日本神道教传统仪式，信徒赤脚在灼热的炭灰上行走，以免受火灾困扰。——译者注

你排尿的时间是多久？ 72

另一件让人痛苦万分的事情就是：你急着要去上厕所。如果你是那种喜欢一次性把书读完的读者，那你现在很可能已经感到不自在了，尤其是在我提到上厕所时（这是心理作用）。尽管去厕所吧，别憋着！如果不介意，我想麻烦你做件事：记录一下时间。不是记录从离开座位到开始撒尿的时间，而是记录撒尿持续的时间。

答案

是不是21秒？最近有一项获得搞笑诺贝尔奖（IgNobel Prizes）[1]的研究发现，任何体重超过3公斤的哺乳动物，从猫、狗、羊，到马、狮子、大象，排空膀胱的时间几乎都是一样的。[2]没错，体重为3.5公斤的小猫排一次尿大概需要21秒（约5毫升，一罐可乐为330毫升，即可乐的1/66)，体重为3 500公斤的大象排一次尿大概也需要21秒(多达18升，相当于54罐可乐)。你不妨想象一下大象撒尿时的景象。那么，搞笑诺贝尔奖的获得者是如何找到答案的呢？他们的回答很简单：“我们拍摄了16种动物撒尿的过程，然后从YouTube上找到了28个与撒尿相关的视频。”我从未想过自己会从《美国国家科学院院刊》(*Proceedings of the National Academy of Sciences*）中读到这样的话。这群人很大方，已经把相关视频上传到了自己的网站。你如果感兴趣（希望你完全出于科学方面的原因)，可以点开下面的网站链接。

那么，体型更小的动物又是如何呢？事实上，这类动物撒尿的时间短，量也较少。体重小于3公斤的动物（如小鼠、蝙蝠和大鼠）排一次尿大约只需2秒（有些动物只需0.01秒)，每次只能排出几滴。

---

①是对诺贝尔奖的有趣模仿，目的是选出那些“乍看之下令人发笑，之后发人深省”的研究。——译者注

②这项研究的发起者并不知道，他们被英国车库摇滚乐队“硬派分子”（So Solid Crew）抢先了一步。后者在2001年就发布了歌曲 *21 Seconds To Go*。——作者注

出于某种原因，这群人并没有研究人的撒尿时间（也许是因为网站不允许上传人类撒尿的视频）。不过，请别担心。如果你想研究这个问题，那就赶紧行动吧，我相信你已经有了必要设备来开展自己的研究。

网站链接：

动物撒尿全过程：http://www.pnas.org/content/111/33/11932.full

73 猴子有自我意识么？

我们准备给本书画上句号了。

现在，我们要讨论的主题是：人类与其他动物的区别其实没有那么明显（这个观点反驳了几个世纪以来的人类例外论）。但是，在此之前，我们需要探讨一个足以反驳人类例外论的最有利的反例：自我意识。

人类儿童很早便表现出了自我意识，你将在接下来的测试中了解到这一点。在测试前，你身边需要有个小孩（可能就是那个做了“拉绳试验”的小孩）。

首先，让孩子坐在你的腿上，给她讲讲故事。当她已经沉浸在故事中的时候，你偷偷给她的前额贴上贴纸（或用软头笔画个点）。如果这时，她用手去抓贴纸，或知道额头上画有东西，你就要重新试一次。待你达成目的后，请至少等上一分钟，然后让孩子站在镜子前。如果孩子把手伸向了自己的额头（而不是镜子），那她就通过了测试。此时，我们就认为她具有自我意识。

这种现象具体说明了什么，仍具有颇多争议。不过，通过测试的孩子至少在某种程度上区分出了内在的那个“我”和外部的那个“我”。当然，这项测试也测出了孩子的自我认知能力：似乎只有那些通过测试的孩子才会表现出“自觉的”情绪，比如骄傲和窘迫。①

那么，其他动物通过测试了吗？如果它们通过了，又意味着什么？人类例外论再次遭受打击：早在20世纪80年代，黑猩猩就通过了测试（为了确保不让黑猩猩知道自己的额头上画了圆点，研究人员事先麻醉了黑猩猩）。此外，倭黑猩猩、红猩猩和大猩猩也通过了测试，猴子则没有。这说明，自我意识是新近演化出来的特征。让人大吃一惊的是：1995年，哈佛教授马克·豪泽（Marc Hauser）发表论文称，头发被染成了粉色、蓝色、紫色或绿色（有点朋克风）的绒顶柽柳猴（Cotton-top Tamarin，原本拥有一头蓬松的白色长发）也通过了测试。

这听来很不可思议，对吧？确实如此。针对豪泽采用的测试方法，包括戈登·G. 盖洛普（Gordon G. Gallup Jr，让黑猩猩接受自我意识测试的科学家）在内的多名科学家提出了质疑。这促使豪泽在2001年发表了一篇新的研究报告，其宣称，绒顶柽柳猴无法通过测试。上述发现依然成立，尽管在哈佛大学调查发现“豪泽教授故意错误报道了此项研究的结果”后，豪泽撤回了一篇关于绒顶柽柳猴的其他方面的研究论文。根据科研诚信办公室（Office of Research Integrity，简称ORI）②给出的报告，豪泽本人“既没有承认也没有否认学术不端，但认可了ORI表明他学术不端的调查结论”。与此同时，盖洛普也让人皱起了眉头③，他于2002年发表了《精液能抗抑郁吗？》（*Does Semen Have Antidepressant Properties*）一文。

①这意味着存在不同层次的自我意识。当被问及“你在哪？”时，只有2岁及以上的孩子才能明确指出照片中的自己。如果照片中的自己戴着面具，孩子可能要更大一点才能指出。这类测试测量了孩子是否知道“自我”是恒定的（比如，“几天前拍的照片中的那个人还是我”），而不是取决于外部特征（比如，“那看起来不像我，但我记得自己当时戴着面具，所以我知道面具后面的那个人是我”）。——作者注

②调查学术不端行为的机构。——译者注

③在这里，我并非暗示盖洛普也有学术不端的行径，说“皱起了眉头”，只是因为论文的题目。——作者注

在这之后，一些非灵长类动物也通过了镜子测试，海豚、大象和喜鹊[①]可能位列其中。这无疑是个大新闻，但如果绒顶柽柳猴也能通过测试，那这个新闻就没有那么震撼了。与绒顶柽柳猴不同，海豚、大象和喜鹊在血缘关系上距离人科动物很遥远，因此，这类动物的自我意识和人科动物的自我意识不可能有共同的起源。这只是一种趋同进化（Convergent Evolution）：两种或多种不相关（或血缘关系很远）的动物发展出了类似的特征，很可能是因为这种特征为它们提供了相似的优势。

那么，自我意识的优势是什么呢？盖洛普指出，自我意识是理解他人心理状态的关键。具有自我意识，则意味着个体知道“我”不仅包括内在的想法和欲望，还包括外在的可以感觉并做出动作的身体。有了这个基础，个体就不难推断出：既然其他个体有着类似的身体，做着类似的动作，那他们很可能也有着类似的想法和欲望，换言之，有着一个类似的内在“我”。因此，自我意识是欺骗、伪装、同情和感激等社会行为的基础。正如我们已经看到的，黑猩猩似乎确实表现出了上述的部分行为，比如欺骗。如果要说人类和黑猩猩在自我意识方面有什么区别，那可能就是：我们倾向于借由自己对他人心理状态的理解来达成合作，而黑猩猩倾向于借由自己对其他黑猩猩心理状态的理解来促进竞争（参考“鱼的故事”一节：黑猩猩巧施骗术以确保得到香蕉的是自己，而不是作为竞争对手的人类）。

那么，这是否意味着黑猩猩（还有倭黑猩猩、红猩猩、海豚和大象）具备意识呢？

①随后一项针对寒鸦的研究表明，鸟类可能只是对贴纸贴在羽毛上时的感觉做出了反应。——作者注

后 记

Are You Smarter Than A Chimpanzee?

不，我们同出一脉

这次动物王国之旅，我们遇到了各种各样的怪象。但是通过“达尔文进化论”这面透镜，这些怪象也就都讲得通了。透过本书，我们看到了进化正在眼前发生。正如我们在“银狐实验”中所见，我们不仅能看到进化的发生，而且还能控制进化的方向。不仅如此，我们还了解了 DNA 在新物种形成过程中发生的变化。

动物王国中的每一种动物同出一脉，一旦我们接受了这种观点，那“人类和其他动物的区别是相对的而非绝对的”这一概念听起来也就没那么极端了，反而更像常识。我们看到，人类和其他动物都有……

智力与认知：学习路线、预测事件的可能性、数学谬误、贬低之前拒绝的选项、面对收益时放手一搏、面对损失时规避风险、学习单词、理解语序、使用群体智慧、计算物体的数量（数量较大时使用现成的估算系统）、做加法运算、记住食物的位置（即使食物被其他动物隐藏起来）、借助符号记住名称、使用逻辑推理（即使是在基于相对特征而不是绝对特征的抽象场景中）、使用工具、表现出视觉错觉、认出镜子中的自己；

性格和情绪：外倾性和宜人性等个性上的区别、喜欢使用其中的一只手或爪（并表现出相关的性格特征）、心理失调、感受疼痛、表达情绪（以及相关的行为）；

性：根据外表（包括对称性）找到带有优良基因的伴侣、缓解性刺激的叹气、恋物癖、受精子竞争情境的刺激并最大限度地避免被戴绿帽子（只针对男性）；

药物和摇滚：能从心理治疗和药物治疗中受益、喜欢嗑药（不过会受到药物的伤害）、打节拍和唱歌；

竞争和社交：认出朋友和敌人、欺骗对手以获得食物、寻求社交、伪装、花最少的代价得到食物、建立啄食顺序、注重整体性的脸庞识别机制、能解读其他个体的面部表情。

上述情况也许都只是一种巧合。不过，在我看来，更合理的解释是：这些特征直接或间接地影响着动物（无论是人类、鬣狗，还是家蝇）基因的长期生存。当然，我们不否认人类比其他动物的能力更强（在多数情况下强得多），也更擅长处理任务。这很简单解释，用达尔文的话说，我们与其他动物的区别“只是程度上的，而不是类别上的”。

在接受这个结论前，我们需要探讨人类独特性的最后一道防线：意识（Consciousness）。意识是什么？我们很难给“意识”下定义，这个概念已远超“自我意识”的范畴。“意识”肯定涉及“自我意识”，但在大多数人看来，“意识”这个词还有更多的含义，比如，下面这种模糊的感受：“这就是我，我就在这里。我不仅能看到东西、做事，还能思考；我现在就在思考。”那么，是否只有人类才具备意识，或者意识是否是某种“我们”有，“它们”没有的东西？

理论上说，这里存在着四种可能性，我们接下来将逐一讨论。我们可以迅速跳过第一种可能性，即动物拥有意识，而人类没有。据我所知，没人会提出这样的论点。此外，只有排除第二种可能性（人类和其他动物都拥有意识）和第三种可能性（人类和其他动物都不具备意识），我们才会考虑接受第四种可能性，即意识确实为人类所独有。

很多人都认为人类是独特的，但熟悉相关领域的科学家指出人类和其他动物都拥有意识。2012 年，在神经科学领域的所有大人物参与的峰会上，《剑桥意识宣言》（*Cambridge Declaration on Consciousness*）表示：

> 各种证据均指出，非人类动物拥有构成意识所需的神经结构、神经化学及神经生理基础物质，并且能展现出有意图的行为。因此，证据已充分显示，负责产生意识的神经基础物质并非人类所独有。所有的哺乳动物和鸟类以及章鱼等其他生物，均拥有这类神经基础物质。

简单地说，即与意识体验相关的大脑结构和回路——可通过人为刺激或抑制这些结构，来增强或减低相关的意识体验——以某种形式存在于哺乳动物和鸟类身上（但不限于哺乳动物和鸟类）。如果人为刺激或抑制非人类动物特定的大脑结构，这些动物也会出现诸如兴奋、恐惧和伤心等意识体验（Conscious Feelings）。当然，我们无从得知老鼠对兴奋的主观感受。不过，考虑到老鼠具备相应的脑回路，而且做出了兴奋的举动，我们不能否认它们也拥有“兴奋”这种意识体验。

当然，如果我们忽视神经科学家的任何发现，事先认定其他动物（从定义上讲）没有意识体验，那就另当别论了。

这些表述都没有错，但你也许已经发现了隐藏其中的小花招：我说到的是兴奋、恐惧和伤心等意识体验，而不是意识本身。这些体验当然需要意识的参与，但对大多数人而言，意识包含着更多的东西：即便没有兴奋、恐惧和伤心等体验，“这就是我，我就在这里”的“背景音乐”也会存在。那么，动物是否具备这一层面的意识呢?

现在，让我们向普林斯顿大学的神经科学教授迈克尔·格拉齐亚诺（Michael Graziano）求助。

格拉齐亚诺邀请我们思考这样一种场景：一名将军的眼前摆着一幅战场地图，地图上摆放着代表军队的模型（就像棋盘游戏 Risk）。这些模型制作得很粗糙，与军队一点儿都挂不上钩，但将军仍可以借此来调控军队。就像将军指挥军队一样，大脑控制着我们的注意力。你无法同时看、听或想两件事物。比方，你此时正看着桌子上的杯子，或者想着昨天看的电影。我们的注意力有限，你的大脑无法完整而详细地储存整个杯子或电影的信息，只能储存一个大概的模型。假设现在，你的大脑将注意力转移到自己身上。同样，我们还是无法完整而详细地储存信息，我们仍需要模型。根据格拉齐亚诺的说法，当大脑将注意力转向自身时，我们看到的模糊的模型就是“意识”。鉴于最不起眼的动物也有注意力，能关注某些东西，包括它们的大脑，那我们完全可以认为，它们具备某种形式的意识。

格拉齐亚诺的理论难以弄懂，此外，他本人也表示，自己的这套理论并不那么令人满意。我们似乎觉得意识本质上应该是神奇的，而不是“大脑注意力系统的模型”这种简单而乏味的东西。与那种认为“意识有着神奇的本质”的观点不同，这套理论有一个优点，即解释了意识的作用：控制注意力与灵性、魔力无关，它是一种非常实用的能力，尤其是对捕食者来说。

现在，我们来考虑第三种可能性：人类和其他动物都不具备意识。这种备受哲学家丹尼尔·丹尼特（Daniel Dennett）推崇的观点认为，意识（“这就是我，我就在这里”的对应物）是大脑在跟自己玩把戏。

“大脑在跟自己玩把戏”是什么意思？下面，让我们看看意大利画家贝纳多·贝洛托（Bernardo Bellotto）的画作：

《易北河右侧，奥古斯特桥下的德累斯顿风景》（*Dresden from the Right Bank of the Elbe above the Augustus Bridge*）

把桥放大点，你会看到很多人……

或者说，放大以后，桥上似乎有很多人。

再放大一点，你可以看到，这些“人”不过是精心安排的“点”。我们来看看丹尼尔·丹尼特的解释：

> 在做出这种联想时，大脑究竟做了什么？……脑内是否有一群小画匠在填补细节呢？我不这么认为。这根本不可能。不过，大脑究竟是如何让你把“点”联想成“人”的呢？……大脑只是让你误以为存在着这类细节。你以为细节就在那里，但它实际上并不存在。大脑没有记录细节，它只是让你期待着细节的出现。

丹尼特认为，意识也可以用同样的原理来解释：你认为有意识，但其实并没有。根本不存在神奇的意识，是大脑欺骗了你，让你误以为它存在着。

听起来很牵强吗？请记住，这种情况已出现过多次。人们曾认为，所有生物都有生命力（Life Force），后者会在生物体的体内流动。人们也曾认为，磁力和引力的传播媒介是以太，一种充斥于空间的无形物质。更久之前，人们认为，每个人的体内都住着一个小人，这个小人负责从眼睛和耳朵收集信息，然后让个体做出反应。我们现已抛弃了这些观念，明白它们是十分可笑的。但在当时，这似乎是理所当然的。事实并非如此，只是大脑欺骗了人们，让人们误以为自己填补了应有的细节。根据丹尼特的说法，意识也是我们需要遗弃的观念。

乍看之下，格拉齐亚诺的观点（任何物种都有意识）和丹尼特的观点（任何物种都没有意识）是完全相悖的。但实际上，两种观点阐述的都是同样的东西：我们从其他个体，无论是人类还是其他动物身上观察到的任何现象都可以用神经科学——掌管听觉、记忆、视觉、自我意识、感觉、情绪和注意力等的大脑神经系统来解释，除此以外，则没有什么可解释的了。

接下来，我们要谈论第四种可能性：人类存在主观的意识体验（这需要解释）。尽管神经科学家和哲学家做了各种反驳，但大多数人在无从选择时仍青睐于第四种可能性。假如你与大多数人一样，那么就让我稍稍撼动你那不可动摇的信念吧。接下来，你会看到丹尼特的另一个实验，这次是思想实验。

> Zimbo 是一种特别的丧尸（Zombie）。Zimbo 不吃活人。与普通的丧尸不同，Zimbo 的外部特征很像人类，也就是说，他们能像人类一样说话、做事。Zimbo 和人类唯一的区别是，Zimbo 没有意识。现在，假设有人说你的伴侣或挚友是 Zimbo。显然，你会感到十分好奇，迫切想弄清这到底是不是事实。

你会怎么做呢？记住一点，Zimbo 的外部特征与人类一模一样，也就是说，Zimbo 可以完全像人类一样回答你的任何问题。当 Zimbo

诚恳地表达自己很伤心时，他不仅完全模仿了人类伤心的行为，还完全模仿了人类对伤心的看法以及对“伤心的看法”的看法。那么，这种模仿和对应的实物有什么样的区别呢？这样说吧，你怎么知道自己不是 Zimbo？

你肯定会觉得自己有意识。不过，你想想，如果你可以与真正的人类讨论意识（根据定义，所有 Zimbo 都能做到这一点），那你就需要百分之百仿造出“意识”，这样一来，即便是你，也无法区分出“仿造的意识”和“真实的意识”了。

因此，我在这里指出，你、鸟类、哺乳动物和章鱼都是 Zimbo，拥有提供感觉、记录经验（包括成为体验者本身的经验）的寻常大脑结构，但不具备神秘的意识。

上述描述当然只是推测，但在未来的某个日子，这种情形也许会被改变。例如，人类对神经科学的认识达到了某种程度，可以将蝙蝠大脑的模拟信息上传到人类的大脑中。那时候，我们就能知道当蝙蝠是什么感受了[①]，并且进而明白意识是否主观存在。

未来的研究也可能证实，人类和其他动物确实存在着实质性差别。不过，历史通过“生命力”“以太”和“小矮人”等如今被放进垃圾箱里的概念告诉我们，选择合理的解释而不是提出神奇的概念，这也许才是明智的选择。

没错，就是历史。如果说人类和其他动物存在着什么重要的区别，那很可能不是生物层面的区别，而是文化层面的区别；如果说我们人类有什么独特之处，那就是我们得益于合作，可以在不同个体之间传

①知情的读者立马就会意识到，我选择蝙蝠作为谈论对象，可能是因为我读过有史以来最著名的哲学文章——托马斯·内格尔（Thomas Nagel）的《成为蝙蝠是种怎样的感受？》（*What is it like to be a bat?*）。文章结论称，我们永远都不可能知道成为蝙蝠的感受。——作者注

递知识，并将之传递给下一代。我希望本书可以通过探究人类和其他动物之间的本质区别，稍微改变目前流行的观念，促进人类在文化上的进化。